中1 数学 **サクッと 3分間ドリル** もくじと記録 *three minutes*

正解数までぬっていこう！ ▶ 1 2 3

1回分が終わったら，学習日と成績を記録しましょう。

JN052008

裏に続きます。↓

正負の数の表し方

★ **1** 次の数を，正の符号，負の符号をつけて表しましょう。

(1) 0より9大きい数
正の符号＋(プラス)をつけて表す。

(2) 0より14小さい数
負の符号－(マイナス)をつけて表す。

(3) 0より2.8大きい数

(4) 0より$\frac{3}{7}$小さい数

2 次の（　　）にあてはまる数やことばを書きましょう。

(1) 地点Aから東へ3km進むことを＋3kmと表すと，Aから西
へ8km進むことは（　　　　）kmと表すことができます。

西 ——————————————— 東
　　　　　　　A

(2) 500円余ることを＋500円と表すとき，200円（　　　　　　）
ことは－200円と表します。
　　　　　　　　　　　　　　　　　　　　　　　　　　↑
　　　　　　　　　　　　　　　　　　　　　「余る」の反対のことば

3 下の数直線について，次の問いに答えましょう。

　　　　A　　　　　　　　　　　B
——+——+——+——+——+——+——+——+——+——+——+——
　−5　　　　　　　　0　　　　　　　　　5

(1) 点A，Bに対応する数を答えましょう。

(2) 次の数に対応する点を，上の数直線にかきましょう。
　　㋐　＋4　　　　　　　　　　㋑　−0.5

やる気送ります！

★ ● 0より大きい数を正の数，0より小さい
数を負の数という。0は正でも負でもない数。

02 絶対値

8問中　　問正解

1 下の数直線に，絶対値が 3 になる数に対応する点をかきましょう。

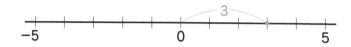

2 数直線上で，原点からの距離が 6 の点に対応する数を求めましょう。

★ 3 次の数の絶対値を答えましょう。

(1) −7

(2) +5.2

(3) $-\dfrac{2}{3}$

(4) 0

4 次の問いに答えましょう。

(1) 絶対値が13である数を求めましょう。

正の数　負の数の 2 つあることに注意。

★ **(2) 絶対値が 4 以下の整数は何個ありますか。**

下の数直線で考えるとわかりやすい

★ ● 絶対値は，その数から，＋，−の符号をとりさった数と考えればよい。
★ ● (2) 数直線上で，0 からの距離が 4 以下であるような整数を考える。

03 数の大小

月　日

9問中　　問正解

1 次の □ にあてはまる不等号を書きましょう。

(1) $+3$ > -4

(2) -2 □ 0

(3) -9 < -7

(4) -0.8 □ -1.8

2 次の各組の数の大小を、不等号を使って表しましょう。

(1) -34, -43

(2) -0.1, -0.09

★ (3) $-\dfrac{1}{3}$, $-\dfrac{2}{7}$

(4) 0, $+6$, -8

★ 3 次の数を小さい順に書きましょう。

$$\left[-1.3, \ -0.7, \ -0.9, \ -\dfrac{3}{2}, \ -\dfrac{4}{5} \right]$$

★ 2 (3) 分母がちがう分数の大小は、**通分**して比べる。
★ 3 分数を**小数に直して**比べる。

★ **1** 次の計算をしましょう。

(1) $(-2)+(-7)=-(2+7)=$

└─ 同符号 ─┘　　↑ 絶対値の和
　　　　共通の符号

(2) $(+5)+(+8)$　　　　(3) $(-4)+(-3)$

(4) $(+14)+(+16)$　　　(5) $(-0.6)+(-1.9)$

2 次の計算をしましょう。

(1) $(+8)+(-3)=+(8-3)=$

└─ 異符号 ─┘　　↑ 絶対値の差
　　絶対値の大きいほうの符号

(2) $(+6)+(-7)$　　　　(3) $(-3)+(+9)$

(4) $(-1.7)+(+1.3)$　　★ (5) $0+(-5)$

★ **①** たし算のことを**加法**といい，その結果を**和**という。
★ **②(5)** 0 との加法…(ある数)+0=(ある数)，0+(ある数)=(ある数)

05 ひき算

10問中　　問正解

★ **1** 次のひき算の式をたし算の式に直しましょう。

(1)　$(+3)-(+5)=$ 　(+3)　 $+$ 　(−5)

　　　　　　└── ひき算 → たし算 ──┘
　　　　　　　　└─ 符号を変える ─┘

(2)　$(-6)-(+2)$

$=$ ☐ $+$ ☐

(3)　$(+1)-(-4)$

$=$ ☐ $+$ ☐

2 次の計算をしましょう。

(1)　$(-4)-(+8)=(-4)+(-8)=-(4+8)=$

　　　　　　　　└─ ひく数の符号を変えて，たす ─┘

(2)　$(+3)-(+9)$

(3)　$(-2)-(+7)$

(4)　$(+6)-(-8)$

(5)　$(-5)-(-15)$

(6)　$(-2)-0$

★　(7)　$0-(-9)$

★ **1** ひき算のことを**減法**といい，その結果を**差**という。
★ **2** (7) 0 との差… $0-(+■)=-■$，$0-(-■)=+■$

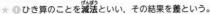

06 たし算とひき算の混じった計算

9問中　　問正解

★ **1** 次の式の正の項，負の項を答えましょう。

(+2)+(−9)−(+4)−(−7)　まず，ひき算をたし算になおして，たし算だけの式にする。

★ **2** 次の計算をしましょう。

(1) (+3)+(−6)−(−5)
　=(+3)+(−6)+(+5)　たし算だけの式になおす。
　=3−6+5　　　　　　かっこと記号+をはぶく。
　=3+5−6=　　　　　答えが正の数のときは，符号+をはぶいてよい。

(2) (−1)−(+7)+(−4)

(3) 12−(+9)−16−(−18)

(4) −13+5−(−10)−8

(5) 7−4−6　←かっこをつけた式で表すと，(+7)+(−4)+(−6)

(6) −2+8−6

(7) 5−6+9−4

(8) −3+16−14−7

★ ❶たし算だけの式で，＋で結ばれた各数を項という。
★ ❷正の項，負の項の和をそれぞれ求めてから計算する。

★ **1** 次の計算をしましょう。

(1) $(-2) \times (-4) = +(2 \times 4) =$

同符号
正の符号
絶対値の積

(2) $(+5) \times (-3) = -(5 \times 3) =$

異符号
負の符号
絶対値の積

(3) $(+6) \times (+8)$　　　　(4) $(-9) \times (-3)$

(5) $(+4) \times (-7)$　　　　(6) $(-5) \times (+6)$

(7) $(-15) \times (-4)$　　　　(8) $(+3) \times (-27)$

★ **2** 次の計算をしましょう。

(1) $(+9) \times (-1)$　　　　(2) $(-16) \times 0$

ちょっと休けいする？

★ ❶かけ算のことを**乗法**といい，その結果を**積**という。
★ ❷−1との積…■×(−1)=−■，0との積…●×0=0

08 3つの数のかけ算

1 次の計算をしましょう。

(1) $(-3)×2×(-7)=+(3×2×7)=$

　　負の数が2個

　　　　積の符号は+

(2) $(-4)×(-5)×(-8)$ ← 負の数が3個なので、積の符号は−

(3) $6×(-2)×4$

(4) $9×(-3)×(-5)$

(5) $(-7)×(-8)×(-1)$

★ (6) $25×9×(-4)=25×(-4)×9=(-100)×9=$

　　　　■×●=●×■

★ (7) $17×(-4)×(-2.5)$

カついてきた！

★ ❶(6) 乗法の交換法則…■×●=●×■
★ ❶(7) 乗法の結合法則…(■×●)×▲=■×(●×▲)

09

累乗

1 次の積を，累乗の指数を使って表しましょう。

(1) $4 \times 4 = 4^2 \leftarrow$ 指数
$\uparrow$
4 の 2 乗と読む。

(2) $(-5) \times (-5) \times (-5)$

(3) $2 \times 2 \times 2 \times 2$

(4) $\left(-\dfrac{1}{3}\right) \times \left(-\dfrac{1}{3}\right)$

2 次の計算をしましょう。

(1) $6^2 = 6 \times 6 =$

(2) $(-2)^3$

(3) $(-7)^2$

(4) $(-1)^4$

★ (5) -7^2

(6) -3^4

★ (7) $(-5) \times 3^2$

(8) $(-3) \times (-2)^3$

★ **2** (5) -7^2 は，7 の 2 乗に−をつけたもの。$(-7)^2$ とのちがいに注意。
★ **2** (7) 累乗が混じったかけ算は，まず累乗を計算する。

10 わり算

★ 1 次の計算をしましょう。

(1) $(-12) \div (-3) = +(12 \div 3) =$

同符号
商の符号は +
絶対値の商

(2) $(-35) \div (+5) = -(35 \div 5) =$

異符号
商の符号は -
絶対値の商

(3) $(+32) \div (+4)$　　　　(4) $(-16) \div (-8)$

(5) $(+28) \div (-7)$　　　　(6) $(-54) \div (+9)$

(7) $48 \div (-2)$　　　　(8) $-78 \div (-6)$

(9) $-57 \div 3$　　★ (10) $0 \div (-14)$

ちりつもだね。

★ ① わり算のことを**除法**といい，その結果を**商**という。
★ ① (10) 0 を正の数でわっても，負の数でわっても**商は 0** になる。

11 逆数とわり算

1 次の数の逆数を求めましょう。

(1) $\dfrac{2}{5}$

(2) $-\dfrac{8}{3}$

★ (3) -4

★ (4) 0.7

2 次の計算をしましょう。

(1) $\dfrac{2}{9} \div \left(-\dfrac{2}{3}\right) = \dfrac{2}{9} \times \left(-\dfrac{3}{2}\right) = -\left(\dfrac{\cancel{2}}{\cancel{9}_{3}} \times \dfrac{\cancel{3}}{\cancel{2}}\right) =$

(2) $\left(-\dfrac{3}{10}\right) \div \dfrac{3}{5}$

(3) $\left(-\dfrac{8}{9}\right) \div \left(-\dfrac{4}{3}\right)$

(4) $40 \div \left(-\dfrac{5}{8}\right)$

(5) $\left(-\dfrac{9}{4}\right) \div (-6)$

★ **1** (3)(4) 整数や小数は，**分数に直してから考える。**

★ **1** 次の計算をしましょう。

(1) $(-30) \times \dfrac{2}{5} \div (-4)$

$= (-30) \times \dfrac{2}{5} \times \left(-\dfrac{1}{4}\right)$ ⎤ かけ算だけの式になおす。

$= +\left(30 \times \dfrac{2}{5} \times \dfrac{1}{4}\right)$ ⎤ 積の符号を決めて、絶対値の積を計算する。

$=$

(2) $(-12) \times 6 \div (-9)$

(3) $36 \div (-3) \div 8$

(4) $6 \times \left(-\dfrac{8}{15}\right) \div (-4)$

(5) $\dfrac{2}{5} \div (-28) \times \dfrac{7}{3}$

(6) $\left(-\dfrac{7}{9}\right) \div \left(-\dfrac{2}{3}\right) \div \left(-\dfrac{7}{8}\right)$

★ **1** かけ算とわり算の混じった式は、**かけ算だけの式に直して計算**する。次に、式の中の負の数の個数に着目して、積の符号を決めるようにする。

★ **1** 次の計算をしましょう。

(1)　$(-6) \times 3 - 8 \div (-2)$

(2)　$5 + 3 \times (-4)$

(3)　$10 - 20 \div 5$

(4)　$(5-7) \times 3^2$

(5)　$9 + (1-7) \times 3$

(6)　$8 - (-2)^3 \div 4$

★ **2** 分配法則を利用して，次の計算をしましょう。

(1)　$\left(\dfrac{3}{2} - \dfrac{6}{7}\right) \times 14$

(2)　$74 \times (-9) + 26 \times (-9)$

★ **1** (　)の中・累乗➡かけ算・わり算➡たし算・ひき算の順に計算する。
★ **2** 分配法則… $(\blacksquare + \bullet) \times \blacktriangle = \blacksquare \times \blacktriangle + \bullet \times \blacktriangle$，$(\blacksquare - \bullet) \times \blacktriangle = \blacksquare \times \blacktriangle - \bullet \times \blacktriangle$

14 数の範囲と素数

★ **1** 自然数・整数・数全体について，四則計算がその数の集合だけでいつでもできる場合は〇を，いつでもできるとはかぎらない場合は×を書き入れて，表を完成させましょう。

自然数どうしの和はいつでも自然数

	加法	減法	乗法	除法
自然数	〇 ←			
整数				
数全体				

2 次の数を素因数分解しましょう。

(1) 195

(2) 630

★ **3** 175にできるだけ小さい自然数をかけて，ある自然数の2乗になるようにします。どんな数をかければよいですか。

★ ❶たし算・ひき算・かけ算・わり算のことをまとめて**四則**という。
★ ❸**素因数分解**して，累乗の指数が**偶数**になるようにする。

ちょっと休けいする？

月　日

/100点

1 次の問いに答えましょう。 (4点×3)

(1) 「5 kg の増加」を「減少」ということばを使って表しましょう。

(2) 絶対値が2.5以下の整数は何個ありますか。

(3) 次の数の大小を，不等号を使って表しましょう。

$$\left[-2,\ -0.2,\ -\frac{1}{2}\right]$$

2 次の計算をしましょう。 (4点×6)

(1) $(-8)+(-7)$

(2) $(-13)+(+5)$

(3) $(-9)-(+2)$

(4) $(+12)-(-6)$

(5) $4-9-5+6$

(6) $16+(-5)-12-(-7)$

3 次の計算をしましょう。 (5点×12)

(1) $(-7)\times(-6)$

(2) $(-14)\times(+5)$

→ 裏に続きます。

(3) $(-8) \times (-3) \times (-4)$

(4) $6 \times (-3)^2$

(5) $(+72) \div (-3)$

(6) $\left(-\dfrac{8}{15}\right) \div \left(-\dfrac{2}{3}\right)$

(7) $14 \div (-12) \times (-6)$

(8) $8 \div \left(-\dfrac{4}{9}\right) \div \dfrac{3}{10}$

(9) $10 + (-8) \times 5$

(10) $9 - (6 - 21) \div (-3)$

(11) $18 - (3 - 2^3) \times 6$

(12) $67 \times (-4) - 17 \times (-4)$

4 2178をできるだけ小さい自然数でわって，ある自然数の 2 乗になるようにします。どんな数でわればよいですか。 〔4点〕

文字を使った式

1 次の数量を文字を使った式で表しましょう。

(1) 1個200円のケーキを x 個買ったときの代金
  ます，ことばの式をつくってから考える。
  ケーキ1個の値段×個数＝代金

(2) 男子 y 人，女子18人の学級の全体の人数

(3) a m のテープを5等分したときの1本分の長さ

(4) 1本60円の鉛筆を a 本買って，500円出したときのおつり

2 次の数量を文字を使った式で表しましょう。

(1) 63円切手を x 枚，84円切手を y 枚買ったときの代金

(2) 底辺が a cm，高さが b cm の三角形の面積

(3) 縦が a cm，横が b cm の長方形の周の長さ
  長方形の周の長さ＝(たて＋横)×2

★ (4) a km の道のりを，時速 x km で3時間走ったときの残りの
  道のり

ちりつもだね。

★ **2** (4) 速さ・時間・道のりの関係…
  速さ×時間＝道のり，道のり÷速さ＝時間，道のり÷時間＝速さ

1 次の式を，文字式の表し方にしたがって表しましょう。

(1) $b \times 7 \times a = 7ab$

数を文字の前に書く。

記号×は
はぶく。
文字はアルファベット順に
書く。

(2) $y \times x \times (-3)$

(3) $(a+b) \times 6$

(4) $y \times (-1)$

(5) $b \times 5 - a$

(6) $y + 0.1 \times x$

★ (7) $x \times x \times 9$

★ (8) $b \times a \times c \times a \times b \times a$

2 次の式を，文字式の表し方にしたがって表しましょう。

★ (1) $x \div (-5) = \dfrac{x}{-5} = -\dfrac{x}{5}$

記号÷を使わずに，
分数の形で書く。

-は分数の
前に書く。

(2) $a \div 4$

(3) $7y \div (-3)$

(4) $(x-y) \div 8$

★ **1** (7)(8) 同じ文字の積は，累乗の指数を使って表す。（例）$x \times x \times x = x^3$
★ **2** (1) $x \div (-5) = x \times \left(-\dfrac{1}{5}\right)$ だから，$-\dfrac{x}{5}$ は $-\dfrac{1}{5}x$ と表してもよい。

1 次の数量を表す式を書きましょう。

(1) 6人が a 円ずつ出して b 円の品物を買ったときの残金

(2) 十の位の数が x, 一の位の数が y の2けたの整数
　　　2けたの整数の表し方…（十の位の数）×10＋（一の位の数）

(3) 縦と横が x cm, 高さが y cm の直方体の体積

(4) 片道8kmの道のりを, 行きは時速 x km, 帰りは時速 y km
　　　で歩いたときの往復にかかった時間

★ (5) x kg の5%の重さ

(6) a 円の7割
　　　1割は $\frac{1}{10}$, または0.1

2 半径が r cm の円があります。このとき, 次の式はどんな数量
を表しているか答えましょう。ただし, 円周率は π とします。

(1) $2\pi r$

(2) πr^2

いいペースだね。

★ **①**(5) x の a%にあたる量は, $x \times \dfrac{a}{100}$

★ **1** $x=2$ のとき，次の式の値を求めましょう。

(1) $4x-3$

$=4×x-3$
記号×を使った式で表す。

$=4×2-3$
←xに数を代入する。

$=8-3$

$=$

(2) $9-6x$

2 $x=-5$ のとき，次の式の値を求めましょう。

(1) $3x+8$

$=3×x+8$

$=3×(-5)+8$
←負の数は
かっこをつけて
代入する。

$=$

(2) $-x^2$

3 $x=-\dfrac{1}{2}$，$y=3$ のとき，次の式の値を求めましょう。

(1) $6x-\dfrac{2}{3}y$

(2) $-7x-\dfrac{5}{6}y$

★ **1** 式の中の文字に数をあてはめることを**代入する**といい，
代入して計算した結果を**式の値**という。

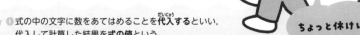

ちょっと休けいする？

★ **1** 次の式の項と係数を答えましょう。

(1) 加法の式に直す
$5x-y=5x+(-y)=5\times x+(-1)\times y$
項　項　係数　係数

(2) $2x-9y$

(3) $a-\dfrac{b}{3}$

2 次の計算をしましょう。

文字の部分が同じ項

(1) $4x-7x=(4-7)x$

係数どうしを計算する

$=$

(2) $5x+3x$

(3) $a-7a$

(4) $9y+(-4y)$

★ (5) $6x+3+2x-5$

(6) $3a-4-7a-9$

★ **1** 文字をふくむ項で、数の部分を係数という。
★ **2** (5) 文字の項どうし、数の項どうしをそれぞれまとめる。

21 1次式のたし算

★ 1 次の計算をしましょう。

(1) $(2x+5)+(3x-2)=2x+5+3x-2=5x+3$

かっこをはずす。

文字の項と数の項を
それぞれまとめる。

(2) $5x+(x-7)$

(3) $(5x-3)+(2x+7)$

(4) $(9y-6)+(6y+8)$

(5) $(x-1)+(-4x-5)$

(6) $(3a-9)+(5-8a)$

(7) $(2-x)+(-7-2x)$

★ ① $2x$, $-3a$ のように, 文字が1つだけの項を1次の項といい, 1次の
項だけか, 1次の項と数の項の和でできている式を1次式という。

1 次の計算をしましょう。

(1) $(6x+4)-(2x-3)=6x+4-2x+3=$

かっこの中の各項の符号を
変えて，かっこをはずす．

(2) $5a-(2a-1)$

(3) $(8y-5)-(3y+4)$

★ (4) $(3x-7)-(x-9)$

(5) $(a+2)-(8a+5)$

(6) $(5-4x)-(5x-3)$

(7) $(-7-6b)-(9-2b)$

ミスはないかな？

★ **1** (4) $3x-x$ を 3 としないように注意する。$-x$ の係数は-1 だから，$3x-x=(3-1)x=2x$

1 次の計算をしましょう。

(1) $3x \times 6 = 3 \times x \times 6 = 3 \times 6 \times x = 18x$

かける順を入れかえる。

数の積

(2) $5a \times 2$

(3) $7x \times (-4)$

(4) $(-3y) \times (-8)$

(5) $-12a \times \dfrac{2}{3}$

2 次の計算をしましょう。

(1) $20x \div (-4) = \dfrac{20x}{-4} = -\dfrac{20x}{4} =$

分子に

分母に

(2) $8y \div 2$

(3) $42a \div (-7)$

(4) $(-27x) \div (-3)$

★ (5) $15a \div \left(-\dfrac{3}{5}\right)$

やる気送ります！

★ **2** (5) わる数が分数のときは，わる数を逆数にしてかける。

1次式と数のかけ算・わり算②

★ **1** 次の計算をしましょう。

(1) $4(3x+2) = 4 \times 3x + 4 \times 2 =$

分配法則を利用する

(2) $(6a+3) \times (-5)$
$= 6a \times (-5) + 3 \times (-5)$
$=$

(3) $-7(4x-7)$
$= (-7) \times 4x - (-7) \times 7$
$=$

(4) $\dfrac{1}{3}(9y-15)$

★ (5) $\dfrac{x-7}{4} \times 8$

2 次の計算をしましょう。

(1) $(6x-8) \div 2 = (6x-8) \times \dfrac{1}{2} =$

わり算 → かけ算

逆数にする

(2) $(12a+9) \div 3$

(3) $(18y-30) \div (-6)$

(4) $(40x-35) \div 5$

(5) $(80b+200) \div (-40)$

1 次の計算をしましょう。

(1) $2(3x+4)-3(x+5)$

$=2\times3x+2\times4+(-3)\times x+(-3)\times5$　分配法則を使って、かっこをはずす

$=6x+8-3x-15$　計算して整理する。

$=3x-7$　文字の項、数の項をそれぞれまとめる。

(2) $5x+4(2x-3)$

(3) $a-6(a-4)$

(4) $8(a-1)+3(2a+3)$

★ (5) $4(5x+3)-(10x-7)$

(6) $3(3y-8)-6(2y-5)$

★ **1**(5) $-(\quad)$は，$(-1)\times(\quad)$と同じこと。
　かっこの中の各項の符号を変えてかっこをはずす。

ちょっと休けいする？

1 次の式を，文字式の表し方にしたがって表しましょう。　(3点×4)

(1) $b×(-1)×a$

(2) $y×x×y×x×y$

(3) $(x-y)÷5$

(4) $a×7-b÷4$

2 次の数量を表す式を書きましょう。　(5点×2)

(1) 周の長さが a cm の正方形の 1 辺の長さ

(2) x 円の30%引きの値段

3 $x=-3$ のとき，次の式の値を求めましょう。　(6点×2)

(1) $10-5x$

(2) $-x^2$

→ 裏に続きます。

4 次の計算をしましょう。 〔4点×4〕

(1) $3x+4x$

(2) $-9a-4a$

(3) $5x-4+8x-3$

(4) $y+7-9-6y$

5 次の計算をしましょう。 〔5点×4〕

(1) $(4x-9)+(5x+3)$

(2) $(1-6a)+(a-2)$

(3) $(3y+8)-(2y-7)$

(4) $(6-x)-(4x-9)$

6 次の計算をしましょう。 〔5点×6〕

(1) $8x×(-5)$

(2) $(-48a)÷(-6)$

(3) $-3(4y-9)$

(4) $(20a-24)÷4$

(5) $5(3x-1)+2(5x+4)$

(6) $4(2a-3)-7(a-2)$

★ 1 次の数量の間の関係を，等式で表しましょう。

(1)　5 g のおもり x 個と20g のおもり y 個の重さの合計が90g である。

(2)　120枚の色紙を，1 人 6 枚ずつ x 人に配ったら，y 枚余った。

(3)　計算テストで，男子 8 人の平均点は a 点，女子 7 人の平均点は b 点，全体の平均点は65点であった。

　　　平均点＝合計点÷人数

★ 2 次の数量の間の関係を，不等式で表しましょう。

(1)　ある数 x の 3 倍から 7 をひいた数は 5 より大きい。

(2)　1 冊 a 円のノートを 3 冊買って，1000円出したときのおつりは b 円以下になる。

(3)　80km の道のりを，時速 x km の自動車で走ったら，2 時間かからなかった。

★ 1 2 a と b は等しい…$a=b$，a は b より大きい…$a>b$，
a は b 未満…$a<b$，a は b 以上…$a≧b$，a は b 以下…$a≦b$

★ **1** 1，2，3のうち，方程式 $4x-7=5$ の解はどれですか。 ☐ にあてはまる数を書きましょう。

$x=1$ のとき，$4×1-7=$ ⑦☐

$x=2$ のとき，$4×2-7=$ ⑦☐

$x=3$ のとき，$4×3-7=$ ⑨☐

したがって，$x=$ ⑨☐ のとき等式が成り立つから，

解は ⑰☐

2 -1，0，1のうち，方程式 $5x-1=x+3$ の解はどれですか。

★ **3** 次の方程式のうち，-2 が解であるものはどれですか。すべて選び，記号で答えましょう。

⑦　$3x+4=2$　　　　⑦　$3x-2=4x$

⑨　$2x+1=3x-1$　　⑨　$2x+9=3-x$

★ **1** 式の中の文字に特別な値を代入したときだけ成り立つ等式を**方程式**という。
★ **3** それぞれの方程式の x に -2 を代入して，左辺＝右辺となるものを選ぶ。

12問中　　問正解

★ **1** 次の方程式を，等式の性質を使って解きます。□にあてはまる数を書きましょう。

(1)　$x+8=5$

両辺から $\boxed{⑦}$ をひくと，

$x+8-\boxed{①}=5-\boxed{⑨}$

$x=\boxed{①}$

等式の性質

$A=B$ ならば，

❶ $A+C=B+C$

❷ $A-C=B-C$

❸ $AC=BC$

❹ $\dfrac{A}{C}=\dfrac{B}{C}$ $(C \neq 0)$

(2)　$3x=18$

両辺を $\boxed{⑦}$ でわると，　$\dfrac{3x}{\boxed{⑪}}=\dfrac{18}{\boxed{⑫}}$

$x=\boxed{⑧}$

2 次の方程式を，等式の性質を使って解きましょう。

(1)　$x-4=3$

(2)　$x+6=2$

★ (3)　$-5x=40$

(4)　$\dfrac{x}{4}=8$

カついてきた！

★ **1** 等式の性質を使い，$x=\sim$ の形に変形する。

★ **2** (3) 両辺を -5 でわることは，両辺に $-\dfrac{1}{5}$ をかけると考えることもできる。

30 方程式の解き方 ①

★ **1** 次の方程式を解きましょう。

(1) $x-3=5$

移項

$x=5+3$

$x=8$

(2) $5x=2x-6$

移項

$5x-2x=-6$ } $ax=b$ の形に整理する。

$3x=-6$ } 両辺を x の係数 3 でわる。

$x=-2$

(3) $x+6=1$

(4) $x-7=3$

(5) $2x+9=7$

(6) $6x-5=13$

(7) $5-4x=-3$

(8) $3x=x+8$

(9) $7x=2x-10$

(10) $-4x=15-x$

★ **1** 方程式を解くときは，文字の項を左辺に，数の項を右辺に移項して整理する。

31 方程式の解き方②

★ 1 次の方程式を解きましょう。

(1) $6x-5=4x+3$

　　　$6x-4x=3+5$　　　-5 を右辺に、4x を左辺に移項する

　　　　$2x=8$　　　$ax=b$ の形に整理する。

　　　　　$x=4$　　　両辺を x の係数 2 でわる

(2) $3x+2=2x+9$

(3) $5x+4=x-8$

(4) $7x-3=8x-5$

(5) $9x+14=3x-16$

(6) $x-9=9-2x$

(7) $10-2x=3x+30$

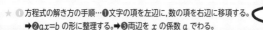

ちょっと休けいする?

★ ① 方程式の解き方の手順…①文字の項を左辺に、数の項を右辺に移項する。
➡②$ax=b$ の形に整理する。➡③両辺を x の係数 a でわる。

1 次の方程式を解きましょう。

(1) $5(x-3)=2x+9$

↓ 分配法則を使って、かっこをはずす

$5x-15=2x+9$

(2) $4(x-2)=9x+2$　　　(3) $3(x-5)=5(5-x)$

★ **2** 次の式で、x の値を求めましょう。

(1) $x:6=10:15$

外側の数の積＝内側の数の積

$x\times15=6\times10$

(2) $8:20=6:(x+9)$　　　(3) $21:12=(x+3):x$

いいペースだね。

★ **2** 比例式 $a:b=c:d$ ならば、
$ad=bc$ が成り立つ。

小数・分数をふくむ方程式

月　　日

4問中　　問正解

---

1 次の方程式を解きましょう。

(1) $1.5x+0.8=0.9x-1.6$

$(1.5x+0.8)\times10=(0.9x-1.6)\times10$ ← 係数を整数になおすために，両辺に10をかける。

(2) $0.4x-0.5=1.3x-5$

★ **(3)** $\dfrac{2}{3}x-2=\dfrac{1}{2}x$

$\left(\dfrac{2}{3}x-2\right)\times6=\dfrac{1}{2}x\times6$ ← 係数を整数になおすために，両辺に6をかける。

(4) $\dfrac{x-2}{3}=\dfrac{x-6}{5}$

ちりつもだね。

★ ❶ **(3)** 係数に分数をふくむ方程式は，**両辺に分母の最小公倍数をかけて，係数を整数になおして解く。**

鉛筆 8 本と200円のノート 1 冊を買って，1000円出したら，おつりが400円でした。鉛筆 1 本の値段はいくらですか。次の◯にあてはまる数を書きましょう。

鉛筆 1 本の値段を x 円とすると， ← ふつう，求めるものを
xとしてお程式をつくる。

$$1000-\left(\boxed{}^{ア}+200\right)=\boxed{}^{イ}$$
鉛筆 8 本の代金
← 出した金額一代金＝おつり

と表せる。

これを解くと，$x=\boxed{}^{ウ}$ ← 値段は自然数だから，
答えとして適している。

したがって，鉛筆 1 本の値段は $\boxed{}^{エ}$ 円

2 画用紙を何人かの生徒に配るのに，1 人に 4 枚ずつ配ると20枚余り，1 人に 6 枚ずつ配ると10枚たりなくなります。次の問いに答えましょう。

★ **(1) 生徒の人数を x 人として，方程式をつくりましょう。**

(2) 生徒の人数と画用紙の枚数を求めましょう。

あと3分だけ
続ける？

★ ❷ (1) 4 枚ずつ配ったとき，画用紙の枚数
＝配った枚数＋余った枚数だから，4x＋20（枚）と表せる。

1 −2，−1，0，1，2 のうち，次の方程式の解はどれですか。　　　〔5点×2〕

(1)　$6x+2=-4$

(2)　$3x-9=5-4x$

2 次の方程式を解きましょう。　　　〔5点×8〕

(1)　$x+2=-7$

(2)　$4x-9=3$

(3)　$x=6x-20$

(4)　$5x+6=3x-8$

(5)　$9-2x=x+3$

(6)　$2x+9=-15-4x$

(7)　$3(2x+3)=8x-5$

(8)　$-2(x-6)=-4(9-x)$

→ 裏に続きます。

3 次の方程式を解きましょう。(5)・(6)は，x の値を求めましょう。　　(5点×6)

(1)　$0.2x = 4 - 0.3x$

(2)　$0.75x + 2 = x - 0.5$

(3)　$\dfrac{1}{4}x - 6 = \dfrac{5}{8}x$

(4)　$\dfrac{x+4}{2} = \dfrac{2x+5}{3}$

(5)　$9 : x = 6 : 8$

(6)　$12 : 14 = (x-2) : (x+2)$

4 弟は家を出発して図書館に自転車で向かいました。その 3 分後に，兄は家を出発して弟のあとを自転車で追いかけました。そして，2 人は同時に図書館に到着しました。弟の自転車の速さは分速200m，兄の自転車の速さは分速250m です。次の問いに答えましょう。　　((1) 2点×3，(2)10点，(3) 4点)

(1)　兄が走った時間を　x 分として，右の表を完成させましょう。

	速さ(m/分)	時間(分)	道のり(m)
弟	200	㋐	㋑
兄	250	x	㋒

(2)　兄が走った時間は何分ですか。

(3)　図書館までの道のりは何 km ですか。

36 関数と比例

5問中　　問正解

★ **1** 次のことがらのうち，y が x の関数であるものはどれですか。すべて選び，記号で答えましょう。

　㋐　身長が x cm の人の体重 y kg

　㋑　時速40kmで x 時間走ったときに進んだ道のり y km

　㋒　ある自然数 x の約数 y

　㋓　ある自然数 x の約数の個数 y 個

　㋔　絶対値が x である数 y

2 次のことがらについて，y を x の式で表し，y が x に比例するものには○を，そうでないものには×を書きましょう。

(1)　1本50円の鉛筆 x 本と150円のノート1冊を買ったときの
　　代金の合計を y 円とする。

(2)　1 m の重さが30gの針金 x m の重さを y g とする。

(3)　1辺の長さが x cm の正方形の面積を y cm^2 とする。

(4)　周の長さが x cm の正方形の1辺の長さを y cm とする。

★ **①** 2つの数量 x，y で，x の値を決めると y の値がただ1つに決まるとき，y は x の関数であるという。

比例の 式の 求め方

★ 1 y は x に比例し，$x=2$ のとき $y=4$ です。y を x の式で表します。□にあてはまる数や式を書きましょう。

比例定数を a とすると，$y=$ ㋐ □ とおくことができる。
　　　　　　　　　　　　　　比例を表す式

$x=2$ のとき $y=4$ だから，㋑ □ $=a×$ ㋒ □
　　　　　　　　　　　　　　　　　　　　x，y の値を代入する。

$a=$ ㋓ □　←a の値を求める。

したがって，$y=$ ㋔ □　←y を x の式で表す。

2 次の問いに答えましょう。

(1) y は x に比例し，$x=-4$ のとき $y=12$ です。y を x の式で表しましょう。

(2) y は x に比例し，$x=6$ のとき $y=3$ です。y を x の式で表しましょう。

ミスはないかな？

★ 1 x や y のようにいろいろな値をとる文字を変数という。これに対して，数や決まった数を表す文字を定数という。

1 右の図で，点 A，B，C，D，E の
座標を答えましょう。

A(3，4)
　　↑　↑
　x座標　y座標

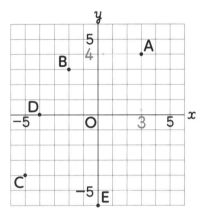

2 右の図に，座標が次のような点を
かき入れましょう。

A(4，−2)

B(5，3)

C(−1，6)

D(−3，−4)

E(0，3)

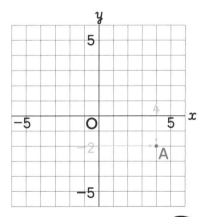

★ **①** 横の数直線を **x 軸**，縦の数直線を **y 軸**，
両方をあわせて**座標軸**といい，座標軸の交点 O を**原点**という。

ちょっと休けいする？

39 比例のグラフ①

6問中　　問正解

1　比例の関係 $y=2x$ のグラフをかきます。□にあてはまる数を書き，グラフを完成させましょう。

$y=2x$ は $x=3$ のとき $y=$ ⑦□ だから，グラフは点 $\left(3,\ ⑦□\right)$ を通る。

よって，原点 O と点 $\left(3,\ ⑦□\right)$ を通る直線をかく。

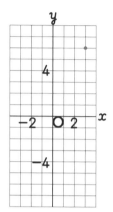

2　次のグラフをかきましょう。

（1）　$y=-2x$

（2）　$y=\dfrac{1}{2}x$

x座標，y座標がともに整数であるような
点を見つけると，点をとりやすい。

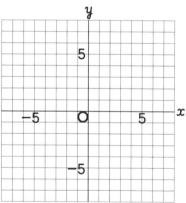

★ $y=ax$ のグラフは，**原点 O(0, 0)を通る直線**である。$a>0$ のとき，**右上がりの直線**，$a<0$ のとき，**右下がりの直線**である。

★ **1** 右の図は，比例のグラフです。このグラフについて，y を x の式で表します。□ にあてはまる数や式を書きましょう。

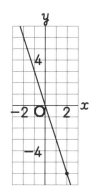

　　グラフは点 $\left(2, \boxed{\quad}^{⑦}\right)$ を通る。

　　x 座標，y 座標がともに整数であるような点を読みとる。

　　この点の座標の値を $y=ax$ に代入すると，

　　$\boxed{\quad}^{①} = a \times \boxed{\quad}^{⑦}$

　　$a = \boxed{\quad}^{⑤}$

　　したがって，$y = \boxed{\quad}^{⑦}$

2 右の図の 1，2 は比例のグラフです。それぞれについて，y を x の式で表しましょう。

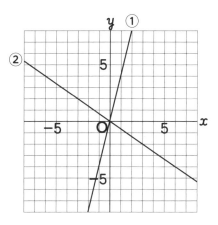

★ **①** この問題では他に，点 $(-2, 6)$，$(-1, 3)$，$(1, -3)$ の座標の値を代入して，a の値を求めることもできる。

★ **1** 右の表は，60cm のリボンを x 等分したときの 1 本分の長さを y cm として，x と y の関係を表したものです。次の ▢ にあてはまるものを書きましょう。

x	1	2	3	4	5	6	…
y	60	30	20	15	12	10	…

(1) x の値が 2 倍，3 倍になると，y の値は ▢ ，▢ になる。

(2) 上下に対応する x と y の値の積 xy は，▢ となる。

(3) y を x の式で表すと，$y=$ ▢ である。

(4) y は x に ▢ している。

　　　比例？　反比例？

2 ア，イについて，次の問いに答えましょう。

ア　周の長さが 12cm の長方形の縦の長さを x cm，横の長さを y cm とする。

イ　面積が 12cm² の長方形の縦の長さを x cm，横の長さを y cm とする。

(1) それぞれについて，y を x の式で表しましょう。

(2) y が x に反比例しているのはどちらですか。

★ **1** x と y の関係が，$y=\dfrac{a}{x}$ で表されるとき，y は x に**反比例する**という。また，a を**比例定数**という。

反比例の式の求め方

★ **1** y は x に反比例し、$x=3$ のとき $y=2$ です。y を x の式で表します。□にあてはまる数や式を書きましょう。

比例定数を a とすると、$y=$ ⑦ □ とおくことができる。

　　　　　　　　　　反比例を表す式

$x=3$ のとき $y=2$ だから、 ⑦ □ $= \dfrac{a}{\boxed{⑦}}$

　　　　　　　　　　　　　　　　　　　x, y の値を代入する。

$a=$ ⑤ □ ← a の値を求める。

したがって、$y=$ ⑦ □ ← y を x の式で表す。

2 y は x に反比例し、$x=4$ のとき $y=-6$ です。次の問いに答えましょう。

(1) y を x の式で表しましょう。

★ **(2)** $x=-3$ のときの y の値を求めましょう。

お　し

★ ❶反比例の関係を表す式は、比例定数を a として、$xy=a$ と表すこともできる。
★ ❷(2) (1)で求めた式に x の値を代入して y の値を求める。

43 反比例のグラフ①

3問中　問正解

1 下の x と y の値の対応表を完成させて，$y=\dfrac{12}{x}$ のグラフをかきましょう。

❶ x，y の値の対応表をつくる。

x	...	-12	-6	-4	-3	-2	-1
y	...	-1	-2				

0	1	2	3	4	6	12	...
✕	12	6					...

❷ ❶の表の x，y の値の組を座標とする点をとる。

❸ ❷でとった点を通るなめらかな曲線をかく。

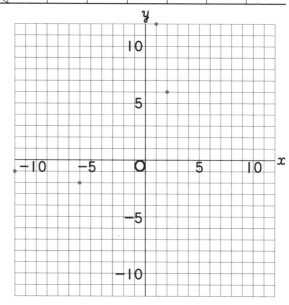

2 上の図に，$y=-\dfrac{12}{x}$ のグラフをかきましょう。

★ $y=\dfrac{a}{x}$ のグラフは，なめらかな2つの曲線になる。この曲線を**双曲線**（そうきょくせん）という。

反比例のグラフ②

1 右の図は，反比例のグラフです。このグラフについて，y を x の式で表します。□ にあてはまる数や式を書きましょう。

グラフは点 $\left(1, \boxed{}^{\mathcal{P}}\right)$ を通る。この

点の座標の値を $y=\dfrac{a}{x}$ に代入すると，

$$\boxed{}^{\mathcal{A}}=\frac{a}{\boxed{}^{\mathcal{\dot{\gamma}}}}$$

$$a=\boxed{}^{\mathcal{\dot{\bot}}}$$

したがって，$y=\boxed{}^{\mathcal{\dot{\star}}}$

2 右の図の 1，2 は反比例のグラフです。それぞれについて，y を x の式で表しましょう。

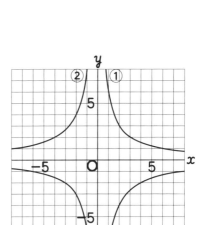

★ ❶点(2, 2), (4, 1)などの座標の値を代入して，a の値を求めることもできる。
★ ❷比例定数 a が正か負かによって，グラフの位置が変わってくることに注意。

★ **1** 同じねじがたくさんあります。これらの重さを
はかると480g でした。また，このうちの15
個の重さをはかると36g でした。ねじは全部で
何個ありますか。

個数（個）	15	
重さ(g)	36	480

ねじの重さは個数に比例すると考えられるから，ねじ x 個の重さを y gとすると，$y=ax$ と表せる。

★ **2** 空の水そうがあります。この水そうに１分間あたり５L の水を入れると，12分
でいっぱいになります。１分間あたり４L の水を入れると，何分でいっぱいにな
りますか。

１分間に入れる水の量×時間＝水そうに入る水の量だから，１分間に入れる水の量
を x し，時間を y 分とすると，$xy=$水そうに入る水の量と表せる。
これより，y は x に反比例する。

★ **1** x と y の関係を表す式に $y=480$ を代入して，x の値を求める。
★ **2** x と y の関係を表す式に $x=4$ を代入して，y の値を求める。

まとめテスト④

比例と反比例

月　　　日

100点

1 次のことがらについて，y を x の式で表し，y が x に比例するものには〇を，y が x に反比例するものには△を，どちらでもないものには×を書きましょう。

(3点×6)

(1)　90km の道のりを，時速 x km で走ったときにかかる時間を y 時間とする。

(2)　120ページある本を x ページ読んだときの残りのページ数を y ページとする。

(3)　1辺が x cm の正三角形の周の長さを y cm とする。

2 次の問いに答えましょう。

(5点×4)

(1)　y は x に比例し，$x=3$ のとき $y=-18$ です。y を x の式で表しましょう。また，$x=-2$ のときの y の値を求めましょう。

(2)　y は x に反比例し，$x=5$ のとき $y=6$ です。y を x の式で表しましょう。また，$x=3$ のときの y の値を求めましょう。

→ 裏に続きます。

3 次の問いに答えましょう。　　　　　〔5点×4〕

(1) 右の図の点 A, B の座標を答えま
しょう。

(2) 右の図に，座標が次のような点を
かき入れましょう。

　　C(2, −4), D(−3, 0)

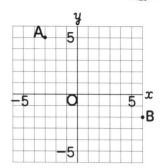

4 次のグラフをかきましょう。
〔11点×2〕

(1) $y = -\dfrac{3}{2}x$

(2) $y = -\dfrac{6}{x}$

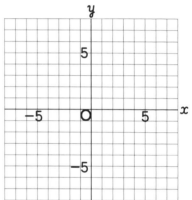

5 右の図の 1 は比例のグラフ，2 は反
比例のグラフです。それぞれについ
て，y を x の式で表しましょう。
〔10点×2〕

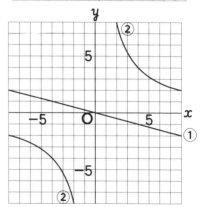

直線と角

★ **1** 右の図について，次の◯◯にあてはまる数やことばを書きましょう。

図1　ℓ ——•A——•B——

図2　——•A————•B——

(1) 図1で，直線ℓは，2点A，Bを使って◯◯◯◯と表すことができます。1点を通る直線は無数にありますが，2点を通る直線は◯◯本です。

(2) 図1で，直線ℓの点Aから点Bまでの部分を◯◯◯◯といい，この長さを2点A，B間の◯◯◯◯といいます。

(3) 図2のような線を◯◯◯◯といいます。

★ **2** 右の図について，次の問いに答えましょう。

A——（い）——D
（あ）O（う）
C——————B

(1) あの角，いの角を，それぞれ角の記号と文字A，C，D，Oを使って表しましょう。

(2) あの角とうの角の大きさが等しいことを，角の記号と文字A，B，C，D，Oを使って表しましょう。

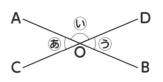

★ **1** 線分ABと線分CDの長さが等しいことを，**AB=CD** と表す。
★ **2** 角を表すには，**記号∠**を使う。∠Aと∠Bが等しいことを，**∠A=∠B** と表す。

★ **1** 右の図のひし形 ABCD について，次の問いに答えましょう。

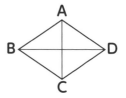

(1) 平行な 2 辺をすべて見つけ，平行であることを記号を使って表しましょう。

ひし形の向かい合う辺は平行である。

(2) 垂直な 2 辺を見つけ，垂直であることを記号を使って表しましょう。

ひし形の対角線は垂直に交わる。

★ **2** 右の図について，次の問いに答えましょう。
ただし，方眼の 1 めもりは 1 cm とします。

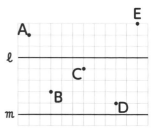

(1) 直線 ℓ までの距離がもっとも長い点はどれですか。

(2) 直線 𝑚 までの距離が 4 cm である点はどれですか。

(3) 直線 ℓ と 𝑚 との距離を求めましょう。

あと3分だけ
続ける？

★ ❶ 平行を表す記号…//，垂直を表す記号…⊥
★ ❷ 点から直線に垂直にひいた線分の長さを，**点と直線との距離**という。

図形の移動

★ 1 下の図の△ABC を，点 A が点 A′の位置にくるように平行移動させてできる
△A′B′C′をかきましょう。

△ABC を，一定
の方向に一定の
距離だけ動かす。

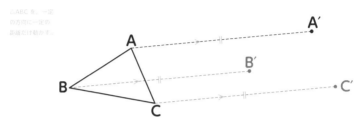

2 右の図の線分 AB を，点 O を中心と
して，右まわりに90°回転移動させて
できる線分 A′B′をかきましょう。

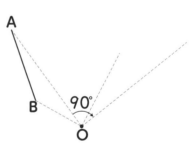

★ 3 右の図の△A′B′C′は△ABC を
対称移動したものです。対称の
軸をかきましょう。

対称移動のとき，折りめとした直線を
対称の軸という。

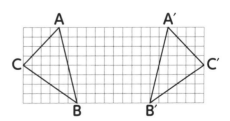

ちりつもだね。

★ ❶ 図形を，形や大きさを変えずに動かすことを**移動**という。
★ ❸ 対称移動では，対応する点を結ぶ線分は，対称の軸によって垂直に二等分される。

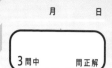

★ **1** 点 P から直線 ℓ への垂線を，2 通りのしかたで作図しましょう。

作図(1)　　　　　　　　　　　　**作図(2)**

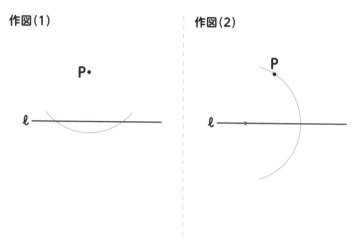

2 下の図の△ABC で，頂点 C から辺 AB へひいた垂線と辺 AB との交点 D を作図しましょう。

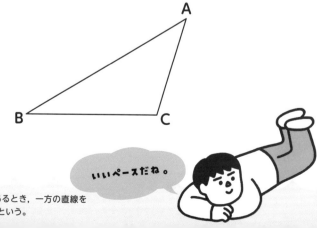

いいペースだね。

★ **①** 2 直線が垂直であるとき，一方の直線を他方の直線の**垂線**という。

★ 1 線分 AB の垂直二等分線を作図します。 □ にあてはまる記号やことばを書いて,作図しましょう。

❶ 点 A, ^ア□ を中心として, 等しい ^イ□ の円をかき, その交点を C, D とする。

❷ 直線 ^ウ□ をひく。

〈作図〉

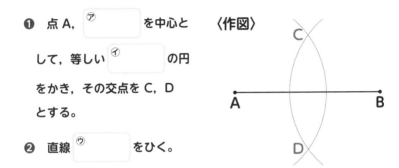

2 線分 AB の中点 M を作図しましょう。

カついてきた!

★ ❶ 線分の中点を通り, その線分に垂直な直線を, その線分の**垂直二等分線**という。

★ **1** ∠AOB の二等分線を作図します。◯にあてはまる記号を書いて，作図しましょう。

❶ 頂点 ⑦ _____ を中心とする

円をかき，角の 2 辺との交点を

C，D とする。

❷ 点 C，⑦ _____ を中心とし

て等しい半径の円をかき，その

交点を E とする。

❸ 半直線 ⑦ _____ をひく。

〈作図〉

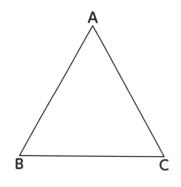

★ **2** 下の図の△ABC は正三角形です。辺 AC 上にあり，∠PBC=30°になるような点 P を作図しましょう。

★ ❶ 1 つの角を 2 等分する半直線を，その**角の二等分線**という。
★ ❷ 正三角形の 1 つの角の大きさは60°だから，∠B の二等分線を作図する。

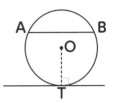

1 　右の図について，次の　　　にあてはまる記号やことばを書きましょう。

(1) 円周上の 2 点 A から B までの部分を

　　　　　　といい，　　　　　　と表します。

(2) 円周上の 2 点 A，B を結ぶ線分を　　　　　　といいます。

(3) 直線 ℓ が円 O と接するとき，直線 ℓ を円 O の　　　　　　，

　　点 T を　　　　　　といいます。

　　円の接線は，接点を通る半径に　　　　　　です。

★ 2 　下の図の円 O で，点 A を接点とする接線を作図しましょう。

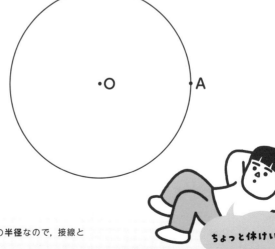

・O　　　　　　・A

★ 2 線分 OA は円 O の**半径**なので，接線と**垂直**に交わる。

ちょっと休けいする？

54 円とおうぎ形の計量

★ **1** 右の図の円 O について，次の問いに答えましょう。
ただし，円周率はπとします。

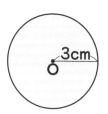

(1)　円周の長さを求めましょう。

(2)　面積を求めましょう。

★ **2** 次の図のおうぎ形の弧の長さと面積を求めましょう。ただし，円周率はπとします。

おうぎ形の弧の長さや面積は，中心角の大きさに比例する。

(1)

45°
8cm

(2)

150°
6cm

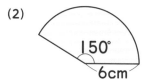

あと3分だけ
続ける？

★ **1** 半径 r の円の円周の長さは $2\pi r$，面積は πr^2
★ **2** 半径 r，中心角 a° のおうぎ形の弧の長さは，$2\pi r \times \dfrac{a}{360}$，面積は，$\pi r^2 \times \dfrac{a}{360}$

1 右の図の四角形 ABCD について，次の
問いに答えましょう。　　　　[5点×4]

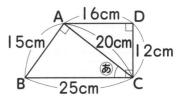

(1) あの角を記号を使って表しま
しょう。

(2) 平行な 2 辺を見つけて，平行であることを記号を使って表しま
しょう。

(3) 点 C と直線 AB との距離を求めましょう。

(4) 直線 AD と BC との距離を求めましょう。

2 右の図の△ABC で，頂点 A から辺 BC へひいた垂線と頂
点 B から辺 AC へひいた垂線の交点 P を作図しましょう。
[20点]

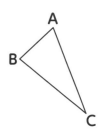

➡ 裏に続きます。

3 下の図の△ABCで，2点B，Cから等しい距離にあり，2辺AB，BCからも等しい距離にある点Pを作図しましょう。　(20点)

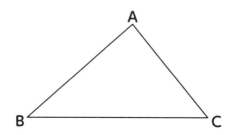

4 右の図のような位置関係にある合同な三角形ア〜オについて，次の問いに答えましょう。　(10点×2)

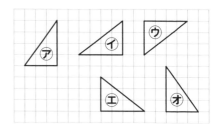

(1) 平行移動と対称移動を組み合わせるとアに重ねることができる三角形はどれですか。

(2) 回転移動だけでアに重ねることができる三角形はどれですか。

5 次の図のおうぎ形の弧の長さと面積を求めましょう。ただし，円周率はπとします。
　　(5点×4)

(1)

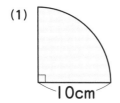

10cm

(2)

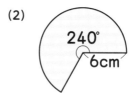

240°
6cm

★ **1** 下の図について，次の□□□にあてはまることばを書きましょう。

⑦ 　④ 　⑦ 　⑨ 　⑦ 　⑪

(1) ⑦，④のような立体を □□□□□□□ といいます。

⑦のように，底面が三角形のものを □□□□□□□ といいます。

(2) ⑦，⑨のような立体を □□□□□□□ といいます。

⑨のように，底面が四角形のものを □□□□□□□ といいます。

(3) ⑦のような立体を □□□□□□□ といい，⑪のような立体を

□□□□□□□ といいます。⑦，⑪の立体の側面は □□□□□□□

です。

2 右の図は，すべての面が合同な正三角形でできている立体です。次の問いに答えましょう。

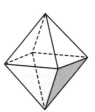

(1) この立体は何という立体ですか。

(2) 頂点の数，辺の数を求めましょう。

やる気送ります！

★ ●底面が正多角形の**角柱**を正○角柱といい，
底面が正多角形の**角錐**を正○角錐という。

1 右の直方体について，辺を直線，面を平面と見て，次の問いに答えましょう。

(1) 直線 AB と平行な直線はどれですか。

(2) 直線 AB と垂直な直線はどれですか。

★ (3) 直線 AB とねじれの位置にある直線はどれですか。

(4) 平面 BFGC と平行な平面はどれですか。

(5) 直線 DH と平行な平面はどれですか。

2 下の投影図は，三角柱，三角錐，四角柱，四角錐，円柱，円錐のうち，どの立体を表していますか。

(1)

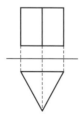

(2)

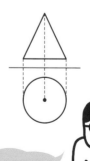

ミスはないかな？

★ **①(3)** 空間内で，平行でなく，交わらない
2つの直線をねじれの位置にあるという。

1 次の図のように，多角形や円を，その面と垂直な方向に動かすと，どんな立体ができますか。できる立体の名前を答えましょう。

(1) 三角形　　　(2) 六角形　　　(3) 円

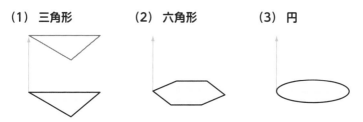

2 次の図形を，直線 ℓ を軸として 1 回転させると，どんな立体ができますか。できる立体の名前を答えましょう。

(1)　　　　(2)　　　　(3)

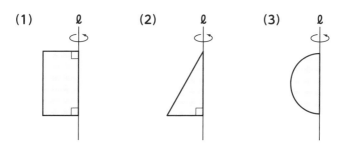

★ 1 多角形や円を，その面と垂直な方向に動かすと，角柱や円柱ができる。
★ 2 1 つの直線を軸として平面図形を回転させてできる立体を**回転体**という。

右の図の三角柱について，次の問いに答えましょう。

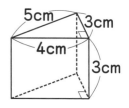

(1) 下の展開図を完成させましょう。

ただし，方眼の1めもりは1cmと
します。

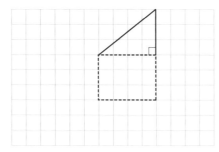

(2) 展開図で，側面の長方形の縦と横の長さを求めましょう。

底面の三角形の辺の長さと等しい。

★ **(3)** 底面積を求めましょう。

底面は直角三角形である。

(4) 側面積を求めましょう。

★ **(5)** 表面積を求めましょう。

カついてきた！

★ ●(3) 1つの底面の面積を**底面積**という。
★ ●(5) 角柱の表面積＝側面積＋底面積×2　角柱には底面が2つある。

下の図2は，図1の円柱の展開図です。次の問いに答えましょう。ただし，円周率はπとします。

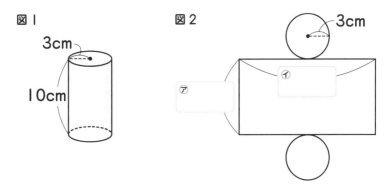

図 1

3cm

10cm

図 2

3cm

㋑

㋐

★ **(1)** 図2の　　にあてはまる長さを書きましょう。

(2) 底面積を求めましょう。

　　　　底面は円になる。

(3) 側面積を求めましょう。

　　　　側面の展開図は長方形になる

★ **(4)** 表面積を求めましょう。

ちょっと休けいする？

★ ①**(1)** 側面の長方形の横の長さは，底面の円の円周の長さと等しい。
★ ①**(4)** 円柱の表面積＝側面積＋底面積×2

1 下の図2は，図1の円錐の展開図です。次の問いに答えましょう。ただし，円周率はπとします。

図1

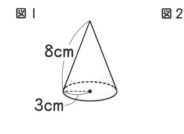

8cm

3cm

図2

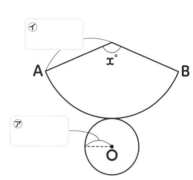

⑦

A　　　　$x°$　　　　B

⑦

O

(1) 図2の ☐ にあてはまる長さを書きましょう。

★ (2) $\overparen{AB}$ の長さを求めましょう。

★ (3) おうぎ形の中心角 $x°$ の大きさを求めましょう。

(4) 側面積を求めましょう。

(5) 表面積を求めましょう。
　円錐の表面積＝側面積＋底面積

★ ① (2) 側面のおうぎ形の弧の長さは，底面の円の円周の長さと等しい。
★ ① (3) おうぎ形の $\overparen{AB}$ の長さ＝円 O の周の長さより，$2π×8×\dfrac{x}{360}=2π×3$

★ **1** 次の立体の体積を求めましょう。ただし，円周率はπとします。

(1)

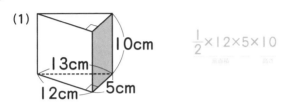

$$\frac{1}{2} \times 12 \times 5 \times 10$$
　　　底面積　　　　高さ

(2)

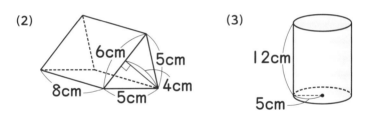

(3)

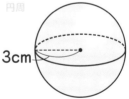

★ **2** 右の図の球の表面積と体積を求めましょう。ただし，円周率はπとします。

いいペースだね。

★ **1** 角柱・円柱の体積＝底面積×高さ
★ **2** 半径 r の球の表面積は $4\pi r^2$，体積は $\frac{4}{3}\pi r^3$

★ **1** 次の正四角錐の体積を求めましょう。

(1)

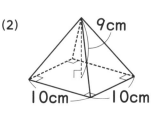

6cm

4cm
4cm

$$\frac{1}{3}\times4\times4\times6$$
底面積　高さ

(2)

9cm

10cm　10cm

★ **2** 次の円錐の体積を求めましょう。ただし、円周率は π とします。

(1)

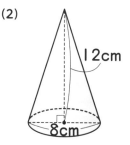

5cm

3cm

(2)

12cm

8cm

ちりつもだね。

★ **1** 角錐の体積＝$\frac{1}{3}$×底面積×高さ
★ **2** 底面が半径 r の円で、高さが h の円錐の体積を V とすると、$V=\frac{1}{3}\pi r^2 h$

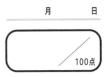

① 右の図の三角柱について，辺を直線，面を平面と見て，次の問いに答えましょう。 (6点×3)

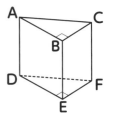

(1) 直線 AB とねじれの位置にある直線はどれですか。

(2) 直線 CF と垂直な平面はどれですか。

(3) 平面 ADEB と垂直な平面はどれですか。

② 右の図1の円柱について，次の問いに答えましょう。
(1)12点, (2)(3)10点×2

図1

2cm

5cm

図2

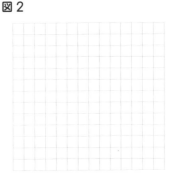

(1) 展開図を，図2の方眼にかきましょう。ただし，円周率は3，方眼の1めもりは1cmとします。

(2) 表面積を求めましょう。ただし，円周率はπとします。

(3) 体積を求めましょう。ただし，円周率はπとします。

→ 裏に続きます。

3 下の図2は，図1の円錐の展開図です。次の問いに答えましょう。ただし，円周率はπとします。

(10点×3)

図 |

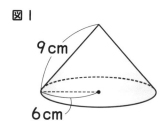

9cm

6cm

図2

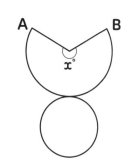

A   B

$x°$

(1) $\overparen{AB}$ の長さを求めましょう。

(2) おうぎ形の中心角 $x°$ の大きさを求めましょう。

(3) 表面積を求めましょう。

4 次の図で，直線 ℓ を軸として | 回転させてできる立体の体積を求めましょう。ただし，円周率はπとします。

(10点×2)

(1)

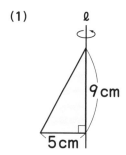

ℓ

9cm

5cm

(2)

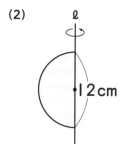

ℓ

12cm

下の表は，中学生40人の垂直とびの記録を度数分布表にまとめたものです。これについて，次の問いに答えましょう。

垂直とびの記録

階級(cm)	度数(人)	累積度数(人)	相対度数	累積相対度数
以上　未満 30 ～ 35	4	4	⑦	0.10
35 ～ 40	6	⑦	0.15	⑦
40 ～ 45	12	22	0.30	0.55
45 ～ 50	10	⑦	0.25	0.80
50 ～ 55	6	38	⑦	⑦
55 ～ 60	2	40	0.05	1.00
計	40		1.00	

★ (1)　表の　　　にあてはまる数を書きましょう。

(2)　階級の幅を答えましょう。
<small>区間の幅を階級の幅という。</small>

(3)　記録が42.5cmの人は，どの階級に入りますか。

ちょっと休けいする？

66 **データを表すグラフ**

① 右の度数分布表について，次の問い
に答えましょう。

垂直とびの記録

階級(cm)	度数(人)	相対度数
以上　　未満		
30 ～ 35	4	0.10
35 ～ 40	6	0.15
40 ～ 45	12	0.30
45 ～ 50	8	0.20
50 ～ 55	6	0.15
55 ～ 60	4	0.10
計	40	1.00

★ (1) ①**ヒストグラムと**
②**度数折れ線**を，右
の図にかきましょう。

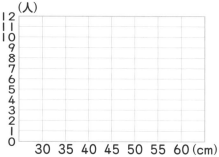

(2) **相対度数の折れ線**
を，右の図にかきま
しょう。

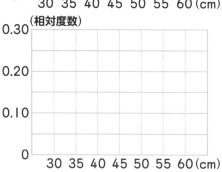

★ **①** (1) **ヒストグラムのかき方**…グラフの横軸に階級，縦軸に度数をとり，
階級の幅を横の辺，度数を縦の辺とする長方形を，順につなげてかく。

67 範囲と代表値

10問中　　問正解

右のデータは，ある中学校の1年生25人のハンドボール投げの記録です。次の問いに答えましょう。

(1) 最小値を求めましょう。

(2) 最大値を求めましょう。

(3) 範囲を求めましょう。

ハンドボール投げの記録(m)

20	18	24	15	19
27	17	12	22	25
23	31	26	18	10
18	15	29	20	17
13	21	25	16	22

(4) 下の表は，上のデータを度数分布表にまとめたものです。階級値を書いて完成させましょう。

階級の中央の値を，その階級の階級値という。

★ (5) 度数分布表から，平均値を四捨五入して小数第1位まで求めましょう。

ハンドボール投げの記録

階級(m)	階級値(m)	度数(人)
以上　　未満 8 ～ 12	㋐	1
12 ～ 16	㋑	4
16 ～ 20	㋒	7
20 ～ 24	㋓	6
24 ～ 28	㋔	5
28 ～ 32	㋕	2
計		25

やる気送ります！

★ ① (5) 平均値＝ $\dfrac{（階級値×度数）の合計}{度数の合計}$

① コインを投げて、表が出た回数を表にまとめました。これについて、次の問いに答えましょう。

投げた回数	100	200	500	1000	2000
表が出た回数	68	132	334	675	1342

★ **(1)** 表が出る相対度数はどんな値に近づくと考えられますか。小数第2位まで求めましょう。

(2) このコインを10000回投げると、表が何回出ると予想できますか。

(3) 表と裏ではどちらが出やすいといえますか。

あと3分だけ
続ける？

★ **①(1)** この相対度数を、コインの表が出る確率とみなすことができる。

右の表は，あるクラス35人の通学時間を度数分布表に表したものです。次の問いに答えましょう。　(10点×5)

通学時間

階級(分)	度数(人)
以上　　未満	
0 ～ 4	4
4 ～ 8	6
8 ～ 12	8
12 ～ 16	9
16 ～ 20	5
20 ～ 24	3
計	35

(1)　4分以上8分未満の階級の累積度数を求めましょう。

(2)　度数がいちばん小さい階級の階級値を求めましょう。

(3)　度数がいちばん大きい階級の相対度数を，四捨五入して小数第2位まで求めましょう。

(4)　この度数分布表をヒストグラムに表しましょう。

(5)　度数折れ線をかきましょう。

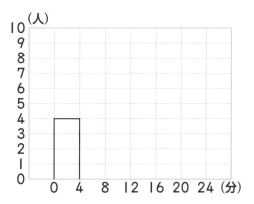

→ 裏に続きます。

2 下の表は，表のページの度数分布表に階級値と階級値×度数のらんを書き加えたものです。次の問いに答えましょう。 ((1) 5点×2，(2)10点)

通学時間

階級（分）	階級値（分）	度数（人）	階級値×度数
以上　未満 0 〜　4	2	4	8
4 〜　8	6	6	36
8 〜 12	10	8	80
12 〜 16	14	9	㋐
16 〜 20	18	5	90
20 〜 24	22	3	66
計		35	㋑

(1) 表の㋐，㋑にあてはまる数を書きましょう。

(2) 通学時間の平均値を求めましょう。

3 ボタンを投げて表が出た回数を表にまとめました。次の問いに答えましょう。

(10点×3)

投げた回数	100	500	1000	1500	2000
表が出た回数	38	181	358	531	702

(1) 表が出る相対度数はどんな値に近づくと考えられますか。小数第2位まで求めましょう。

(2) このボタンを10000回投げると，表が何回出ると予想できますか。

(3) 表と裏ではどちらが出やすいといえますか。

月　　　日

／100点

1 次の計算をしましょう。　　　　　　　　　　　　　　　(5点×4)

(1) $4-8-3+6$　　　　　　(2) $-5×(-2)^2$

(3) $(8-24)÷(-4)$　　　　(4) $2×(-6)-12÷3$

2 次の数量を表す式を書きましょう。　　　　　　　　　　(5点×2)

(1) 片道 x km の道のりを，行きは時速 4 km，帰りは時速 3 km
で歩いたときの往復にかかった時間

(2) 右の図の半円の周の長さ
（円周率は $π$ とします。）

a cm

3 次の計算をしましょう。　　　　　　　　　　　　　　　(5点×2)

(1) $6a+9-7a-3$　　　　　(2) $3(5x+4)-6(x+3)$

4 次の方程式を解きましょう。(4)は，x の値を求めましょう。　(5点×4)

(1) $8x-6=5x+9$　　　　　(2) $2(x-5)=9x+4$

(3) $\dfrac{x-3}{2}=\dfrac{x-5}{3}$　　　　　(4) $8:x=20:15$

→ 裏に続きます。

5 y は x に反比例し，$x=3$ のとき $y=-8$ です。次の問いに答えましょう。

〔5点×2〕

(1) y を x の式で表しましょう。

(2) $x=-6$ のときの y の値を求めましょう。

6 右の図の△ABC で，辺 AB の中点を通り，辺 BC に垂直な直線と BC との交点 P を作図しましょう。　　〔10点〕

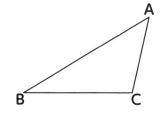

7 右の図の三角柱について，辺を直線，面を平面と見て，次の問いに答えましょう。　〔5点×4〕

(1) 直線 AC とねじれの位置にある直線はどれですか。

(2) 平面 BEFC と垂直な平面はどれですか。

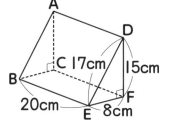

(3) 表面積を求めましょう。

(4) 体積を求めましょう。

解答

まちがえた問題は，できるようになるまで，くり返し練習しましょう。

● 1　正負の数の表し方

① (1) $+9$　　(2) -14

　　(3) $+2.8$　(4) $-\dfrac{3}{7}$

② (1) -8　　(2) たりない

③ (1) A…-4　B…$+2.5$

　　(2)
　　$\begin{array}{c}\\ \underset{-5}{\rule{0pt}{0pt}}\underset{}{\overset{}{}}\end{array}$
数直線 -5〜5，イは 0 より少し左，アは $+2.5$ 付近

▶解説

②(1) 東へ進むことを正の数で表すと，反対方向である西へ進むことを負の数で表すことができる。

③ 数直線のいちばん小さい 1 めもりは，0.5を表している。

● 2　絶対値

① 数直線 -5〜5

② $+6$, -6

③ (1) 7　　　　(2) 5.2

　　(3) $\dfrac{2}{3}$　　　　(4) 0

④ (1) $+13$, -13　(2) 9 個

▶解説

④(1) 絶対値が■である数は，$+$■と$-$■の 2 つある。$-$■を見落とさないように注意しよう。

(2) 絶対値が4以下の整数

$\begin{array}{c}\bullet\ \bullet\ \bullet\ \bullet\ \bullet\ \bullet\ \bullet\ \bullet\ \bullet\\ -5\ -4\ -3\ -2\ -1\ \ 0\ \ 1\ \ 2\ \ 3\ \ 4\ \ 5\end{array}$

● 3　数の大小

① (1) $>$　(2) $<$　(3) $<$　(4) $>$

② (1) $-34>-43$

　　(2) $-0.1<-0.09$

　　(3) $-\dfrac{1}{3}<-\dfrac{2}{7}$

　　(4) $-8<0<+6$

③ $-\dfrac{3}{2}$, -1.3, -0.9,

　　$-\dfrac{4}{5}$, -0.7

▶解説

②(3) 3 と 7 の最小公倍数21を分母として通分すると，$-\dfrac{1}{3}=-\dfrac{7}{21}$, $-\dfrac{2}{7}=-\dfrac{6}{21}$

③ 分数を小数に直して比べる。

$-\dfrac{3}{2}=-1.5$, $-\dfrac{4}{5}=-0.8$

● 4　たし算

① (1) -9　(2) $+13$　(3) -7

　　(4) $+30$　　(5) -2.5

② (1) $+5$　(2) -1　　(3) $+6$

　　(4) -0.4　　(5) -5

▶解説

① 符号が同じ 2 数の和は，絶対値の和に共通の符号をつける。

② 符号がちがう 2 数の和は，絶対値の差に絶対値の大きいほうの符号をつける。

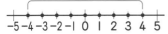

●5 ひき算

① (1) $(+3)+(-5)$
(2) $(-6)+(-2)$
(3) $(+1)+(+4)$

② (1) -12 (2) -6 (3) -9
(4) $+14$ (5) $+10$ (6) -2
(7) $+9$

▶解説
①正負の数をひくことは，ひく数の符号を変えてたすことと同じである。

●6 たし算とひき算の混じった計算

① 正の項…$+2$，$+7$
負の項…-9，-4

② (1) 2 (2) -12 (3) 5
(4) -6 (5) -3 (6) 0
(7) 4 (8) -8

▶解説
①原式$=(+2)+(-9)+(-4)+(+7)$
②(3)$12-(+9)-16-(-18)$
$=12+(-9)-16+(+18)$
$=12-9-16+18=12+18-9-16$
$=30-25=5$

●7 かけ算

① (1) 8 (2) -15 (3) 48
(4) 27 (5) -28 (6) -30
(7) 60 (8) -81

② (1) -9 (2) 0

▶解説
①同符号の2数の積は，絶対値の積に正の符号をつける。
異符号の2数の積は，絶対値の積に負の符号をつける。

●8 3つの数のかけ算

① (1) 42 (2) -160 (3) -48
(4) 135 (5) -56 (6) -900
(7) 170

▶解説
①まず，式の中の負の数の個数に着目して，積の符号を決める。負の数の個数が0，2，4，6，…個(偶数個)であれば，積の符号は+，1，3，5，7，…個(奇数個)であれば，積の符号は−。
(7)かけ算は，かける順序を変えても答えは同じなので，-4と-2.5を先にかけるとよい。
$17\times(-4)\times(-2.5)$
$=17\times\{(-4)\times(-2.5)\}$
$=17\times10=170$

●9 累乗

① (1) 4^2 (2) $(-5)^3$
(3) 2^4 (4) $\left(-\dfrac{1}{3}\right)^2$

② (1) 36 (2) -8 (3) 49
(4) 1 (5) -49 (6) -81
(7) -45 (8) 24

▶解説
② $(-\blacksquare)^2=(-\blacksquare)\times(-\blacksquare)$
$-\blacksquare^2=-(\blacksquare\times\blacksquare)$

この 2 つの計算のちがいに注意しよう。

(2)$(-2)^3=(-2)\times(-2)\times(-2)=-8$

(3)$(-7)^2=(-7)\times(-7)=49$

(5)$-7^2=-(7\times7)=-49$

(7)累乗を先に計算して，次にかけ算の計算をする。

$$(-5)\times3^2=(-5)\times9=-45$$

(8)$(-3)\times(-2)^3=(-3)\times(-8)=24$

１０ わり算

❶	(1) 4	(2) -7	(3) 8
	(4) 2	(5) -4	(6) -6
	(7) -24	(8) 13	(9) -19
	(10) 0		

▶解説

❶符号が同じ 2 数の商は，絶対値の商に正の符号をつける。

　符号がちがう 2 数の商は，絶対値の商に負の符号をつける。

(4)$(-16)\div(-8)=+(16\div8)=2$

(5)$(+28)\div(-7)=-(28\div7)=-4$

(6)$(-54)\div(+9)=-(54\div9)=-6$

１１ 逆数とわり算

❶	(1) $\dfrac{5}{2}$		(2) $-\dfrac{3}{8}$
	(3) $-\dfrac{1}{4}$		(4) $\dfrac{10}{7}$
❷	(1) $-\dfrac{1}{3}$	(2) $-\dfrac{1}{2}$	(3) $\dfrac{2}{3}$
	(4) -64	(5) $\dfrac{3}{8}$	

▶解説

❶(3) $-4=-\dfrac{4}{1}\diagup-\dfrac{1}{4}$ ← 符号まで逆にしないように！

(4)$0.7=\dfrac{7}{10}\diagup\dfrac{10}{7}$

❷(2)$\left(-\dfrac{3}{10}\right)\div\dfrac{3}{5}=\left(-\dfrac{3}{10}\right)\times\dfrac{5}{3}=-\dfrac{1}{2}$

１２ かけ算とわり算の混じった計算

❶	(1) 3	(2) 8	(3) $-\dfrac{3}{2}$
	(4) $\dfrac{4}{5}$	(5) $-\dfrac{1}{30}$	(6) $-\dfrac{4}{3}$

▶解説

❶(2)$(-12)\times6\div(-9)$

$=(-12)\times6\times\left(-\dfrac{1}{9}\right)$

$=+\left(\overset{4}{\cancel{12}}\times\overset{2}{\cancel{6}}\times\dfrac{1}{\underset{3}{\cancel{9}}}\right)=8$

(6)$\left(-\dfrac{7}{9}\right)\div\left(-\dfrac{2}{3}\right)\div\left(-\dfrac{7}{8}\right)$

$=\left(-\dfrac{7}{9}\right)\times\left(-\dfrac{3}{2}\right)\times\left(-\dfrac{8}{7}\right)$

$=-\left(\dfrac{\cancel{7}}{\underset{3}{\cancel{9}}}\times\dfrac{\overset{1}{\cancel{3}}}{\underset{1}{\cancel{2}}}\times\dfrac{\overset{4}{\cancel{8}}}{\cancel{7}}\right)=-\dfrac{4}{3}$

１３ いろいろな計算

❶	(1) -14	(2) -7	(3) 6
	(4) -18	(5) -9	(6) 10
❷	(1) 9		(2) -900

▶解説

❶(6)$8-(-2)^3\div4=8-(-8)\div4$

$=8-(-2)=8+2=10$

❷(1)$\left(\dfrac{3}{2}-\dfrac{6}{7}\right)\times14=\dfrac{3}{2}\times14-\dfrac{6}{7}\times14$

$=21-12=9$

(2)$74\times(-9)+26\times(-9)$

$=(74+26)\times(-9)=100\times(-9)=-900$

14 数の範囲と素数

❶
	加法	減法	乗法	除法
自然数	○	×	○	×
整数	○	○	○	×
数全体	○	○	○	○

❷ (1) $195=3×5×13$　　$\begin{array}{r} 3\,)\,195 \\ \hline 5\,)\,65 \\ \hline 13 \end{array}$

　 (2) $630=2×3^2×5×7$

❸ 7

▶解説

❸ 175を素因数分解すると，
　 $175=5^2×7$
　これに 7 をかけると，
　 $(5^2×7)×7=5^2×7^2=(5×7)^2=35^2$
　つまり35の 2 乗になる。

15 まとめテスト①

❶ (1) -5 kg の減少　(2) 5 個
　 (3) $-2<-\dfrac{1}{2}<-0.2$
❷ (1) -15　(2) -8　(3) -11
　 (4) 18　(5) -4　(6) 6
❸ (1) 42　(2) -70　(3) -96
　 (4) 54　(5) -24　(6) $\dfrac{4}{5}$
　 (7) 7　(8) -60　(9) -30
　 (10) 4　(11) 48　(12) -200
❹ 2

▶解説

❸(11) $18-(3-2^3)×6=18-(3-8)×6$
　 $=18-(-5)×6=18-(-30)=48$
　(12) $67×(-4)-17×(-4)$
　 $=(67-17)×(-4)=50×(-4)=-200$

16 文字を使った式

❶ (1) $200×x$(円)
　 (2) $y+18$(人)
　 (3) $a÷5$(m)
　 (4) $500-60×a$(円)
❷ (1) $63×x+84×y$(円)
　 (2) $\dfrac{1}{2}×a×b$(cm²)
　 (3) $(a+b)×2$(cm)
　 (4) $a-x×3$(km)

▶解説

❷(3)$a×2+b×2$(cm)でも正解。

17 積や商の表し方

❶ (1) $7ab$　　(2) $-3xy$
　 (3) $6(a+b)$　(4) $-y$
　 (5) $5b-a$　(6) $y+0.1x$
　 (7) $9x^2$　(8) a^3b^2c
❷ (1) $-\dfrac{x}{5}$　(2) $\dfrac{a}{4}$
　 (3) $-\dfrac{7y}{3}$　(4) $\dfrac{x-y}{8}$

18 数量の表し方

❶ (1) $(6a-b)$円　(2) $10x+y$
　 (3) x^2ycm³　(4) $\left(\dfrac{8}{x}+\dfrac{8}{y}\right)$時間
　 (5) $\dfrac{x}{20}$kg　(6) $\dfrac{7a}{10}$円
❷ (1) 円周の長さ　(2) 円の面積

▶解説

❶(5)は$\frac{1}{20}x$, 0.05x, (6)は$\frac{7}{10}a$, 0.7a
と表してもよい。

１９ 式の値

❶ (1) 5 　　　　(2) −3
❷ (1) −7 　　　(2) −25
❸ (1) −5 　　　(2) 1

▶解説
❷(2)$-x^2=-(x \times x)=-\{(-5) \times (-5)\}=-25$
❸(1)$6x-\frac{2}{3}y=6 \times \left(-\frac{1}{2}\right)-\frac{2}{3} \times 3$
　　$=-3-2=-5$

２０ 項と係数

❶ (1) 項…5x, −y
　　　xの係数…5, yの係数…−1
　(2) 項…2x, −9y
　　　xの係数…2, yの係数…−9
　(3) 項…a, −$\frac{b}{3}$
　　　aの係数…1, bの係数…−$\frac{1}{3}$
❷ (1) −3x 　　(2) 8x
　(3) −6a 　　(4) 5y
　(5) 8x−2 　(6) −4a−13

▶解説
❷(6)$3a-4-7a-9=3a-7a-4-9$
　$=(3-7)a+(-4-9)=-4a-13$

２１ 1次式のたし算

❶ (1) 5x+3 　　(2) 6x−7

(3) 7x+4 　　(4) 15y+2
(5) −3x−6 　(6) −5a−4
(7) −3x−5

２２ 1次式のひき算

❶ (1) 4x+7 　　(2) 3a+1
　(3) 5y−9 　　(4) 2x+2
　(5) −7a−3 　(6) −9x+8
　(7) −4b−16

▶解説
❶−( )は, かっこをはずすと, かっこ
　の中の各項の符号が変わる。
　(4)$(3x-7)-(x-9)=3x-7-x+9$
　$=3x-x-7+9=2x+2$
　(7)$(-7-6b)-(9-2b)$
　$=-7-6b-9+2b=-4b-16$

２３ 1次式と数のかけ算・わり算①

❶ (1) 18x (2) 10a (3) −28x
　(4) 24y 　　(5) −8a
❷ (1) −5x (2) 4y 　(3) −6a
　(4) 9x 　(5) −25a

▶解説
❶数どうしのかけ算をして, それに文字
　をかける。
　(5)$-12a \times \frac{2}{3}=-12 \times a \times \frac{2}{3}$
　$=-12 \times \frac{2}{3} \times a=-8a$
❷(5)わる数を逆数にしてかける。
　$15a \div \left(-\frac{3}{5}\right)=15a \times \left(-\frac{5}{3}\right)$
　$=15 \times a \times \left(-\frac{5}{3}\right)=-25a$

24 1次式と数のかけ算・わり算②

❶ (1) $12x+8$
(2) $-30a-15$ (3) $-28x+49$
(4) $3y-5$ (5) $2x-14$
❷ (1) $3x-4$
(2) $4a+3$ (3) $-3y+5$
(4) $8x-7$ (5) $-2b-5$

▶解説

❶(2) $(6a+3)\times(-5)$
$=6a\times(-5)+3\times(-5)=-30a-15$
(4) $\frac{1}{3}(9y-15)=\frac{1}{3}\times9y-\frac{1}{3}\times15$
$=3y-5$
❷(4) $(40x-35)\div5=(40x-35)\times\frac{1}{5}$
$=40x\times\frac{1}{5}-35\times\frac{1}{5}=8x-7$
(5) $(80b+200)\div(-40)$
$=(80b+200)\times\left(-\frac{1}{40}\right)$
$=80b\times\left(-\frac{1}{40}\right)+200\times\left(-\frac{1}{40}\right)$
$=-2b-5$

25 いろいろな計算

❶ (1) $3x-7$ (2) $13x-12$
(3) $-5a+24$ (4) $14a+1$
(5) $10x+19$ (6) $-3y+6$

▶解説

❶(4) $8(a-1)+3(2a+3)=8a-8+6a+9$
$=14a+1$
(5) $4(5x+3)-(10x-7)$
$=20x+12-10x+7=10x+19$
(6) $3(3y-8)-6(2y-5)$

$=9y-24-12y+30=-3y+6$

26 まとめテスト②

❶ (1) $-ab$ (2) x^2y^3
(3) $\dfrac{x-y}{5}$ (4) $7a-\dfrac{b}{4}$
❷ (1) $\dfrac{a}{4}$cm
(2) $\dfrac{7}{10}x$円または$0.7x$円
❸ (1) 25 (2) -9
❹ (1) $7x$ (2) $-13a$
(3) $13x-7$ (4) $-5y-2$
❺ (1) $9x-6$ (2) $-5a-1$
(3) $y+15$ (4) $-5x+15$
❻ (1) $-40x$ (2) $8a$
(3) $-12y+27$ (4) $5a-6$
(5) $25x+3$ (6) $a+2$

▶解説

❷(2) $x\times\left(1-\dfrac{30}{100}\right)=x\times\dfrac{70}{100}=\dfrac{7}{10}x$(円)

27 関係を表す式

❶ (1) $5x+20y=90$
(2) $120-6x=y$
(3) $\dfrac{8a+7b}{15}=65$
❷ (1) $3x-7>5$
(2) $1000-3a\leqq b$
(3) $\dfrac{80}{x}<2$

28 方程式と解

❶ ⑦−3　④1　⑦5
　 ⓔ3　ⓞ3

❷ 1

❸ ④, ⓔ

29 等式の性質

❶ (1) ⑦8　④8　⑦8　ⓔ−3
　 (2) ⓞ3　⑰3　⑱3　⑲6

❷ (1) $x=7$　(2) $x=-4$
　 (3) $x=-8$　(4) $x=32$

▶解説
❷(1)両辺に 4 をたす。
　(2)両辺から 6 をひく。
　(3)両辺を−5 でわる。
　(4)両辺に 4 をかける。

30 方程式の解き方①

❶ (1) $x=8$　　(2) $x=-2$
　 (3) $x=-5$　(4) $x=10$
　 (5) $x=-1$　(6) $x=3$
　 (7) $x=2$　　(8) $x=4$
　 (9) $x=-2$　(10) $x=-5$

▶解説
❶(6)$6x-5=13$, $6x=13+5$, $6x=18$,
　$x=3$
　(8)$3x=x+8$, $3x-x=8$, $2x=8$,
　$x=4$
　(10)$-4x=15-x$, $-4x+x=15$,

$-3x=15$, $x=-5$

31 方程式の解き方②

❶ (1) $x=4$　(2) $x=7$　(3) $x=-3$
　 (4) $x=2$　(5) $x=-5$　(6) $x=6$
　 (7) $x=-4$

▶解説
❶(4)$7x-3=8x-5$, $7x-8x=-5+3$,
　$-x=-2$, $x=2$
　(6)$x-9=9-2x$, $x+2x=9+9$,
　$3x=18$, $x=6$
　(7)$10-2x=3x+30$,
　$-2x-3x=30-10$,
　$-5x=20$, $x=-4$

32 かっこをふくむ方程式と比例式

❶ (1) $x=8$　(2) $x=-2$　(3) $x=5$
❷ (1) $x=4$　(2) $x=6$　(3) $x=4$

▶解説
❶(1)$5(x-3)=2x+9$, $5x-15=2x+9$,
　$5x-2x=9+15$, $3x=24$, $x=8$
　(2)$4(x-2)=9x+2$, $4x-8=9x+2$,
　$4x-9x=2+8$, $-5x=10$, $x=-2$
　(3)$3(x-5)=5(5-x)$,
　$3x-15=25-5x$, $3x+5x=25+15$,
　$8x=40$, $x=5$
❷(1)$x:6=10:15$, $x×15=6×10$,
　$15x=60$, $x=4$
　(2)$8:20=6:(x+9)$,
　$8×(x+9)=20×6$, $8x+72=120$,
　$8x=48$, $x=6$
　(3)$21:12=(x+3):x$,
　$21×x=12×(x+3)$, $9x=36$, $x=4$

33 小数・分数をふくむ方程式

① (1) $x=-4$ (2) $x=5$
(3) $x=12$ (4) $x=-4$

▶解説

①(1)両辺に10をかけると,
$(1.5x+0.8)\times10=(0.9x-1.6)\times10$,
$15x+8=9x-16$, $6x=-24$, $x=-4$
(3)両辺に 6 をかけると,
$\left(\dfrac{2}{3}x-2\right)\times6=\dfrac{1}{2}x\times6$, $4x-12=3x$,
$x=12$
(4)両辺に15をかけると,
$\dfrac{x-2}{3}\times15=\dfrac{x-6}{5}\times15$,
$5(x-2)=3(x-6)$, $5x-10=3x-18$,
$2x=-8$, $x=-4$

34 1次方程式の利用

① ⑦$8x$ ⑦$400$
⑦$50$ ⑤$50$
② (1) $4x+20=6x-10$
(2) 生徒の人数…15人
　画用紙の枚数…80枚

▶解説

②(1)画用紙の枚数は,次の 2 通りの式で
表すことができる。
　4 枚ずつ配ったとき…$4x+20$(枚)
　6 枚ずつ配ったとき…$6x-10$(枚)
(2)$4x+20=6x-10$, $-2x=-30$,
$x=15$…生徒の人数
$4\times15+20=80$…画用紙の枚数

35 まとめテスト③

① (1) -1 (2) 2
② (1) $x=-9$ (2) $x=3$
(3) $x=4$ (4) $x=-7$
(5) $x=2$ (6) $x=-4$
(7) $x=7$ (8) $x=8$
③ (1) $x=8$ (2) $x=10$
(3) $x=-16$ (4) $x=2$
(5) $x=12$ (6) $x=26$
④ (1) ⑦$x+3$ ⑦$200(x+3)$
⑦$250x$
(2) 12分 (3) 3 km

▶解説

③(2)両辺に100をかけると,
$(0.75x+2)\times100=(x-0.5)\times100$,
$75x+200=100x-50$,
$-25x=-250$, $x=10$
④(2)兄が走った道のり=弟が走った道のり
より, $250x=200(x+3)$,
$250x=200x+600$, $50x=600$, $x=12$
(3)$250\times12=3000$, $3000m=3km$

36 関数と比例

① ⑦, ⑤
② (1) $y=50x+150$, ×
(2) $y=30x$, ○
(3) $y=x^2$, × (4) $y=\dfrac{x}{4}$, ○

▶解説

①⑤例えば, 6 の約数は1, 2, 3, 6
と 4 個あるので, 自然数 x が 1 つに決
まっても約数 y は 1 つには決まらない。

37 比例の式の求め方

① ⑦ax ④$4$ ⑦$2$
  ⑤$2$ ⑦$2x$

② (1) $y=-3x$ (2) $y=\frac{1}{2}x$

▶解説
②求める式を $y=ax$ とおき，1組の x，
y の値を代入して，a の値を求める。

38 座標

① A$(3, 4)$ B$(-2, 3)$
  C$(-5, -4)$ D$(-4, 0)$
  E$(0, -6)$

②

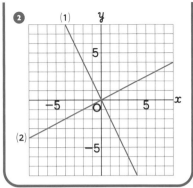

39 比例のグラフ①

① ⑦$6$
  ④$6$
  ⑦$6$
  グラフは
  右の図

---

②

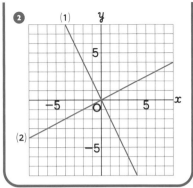

▶解説
②(2)原点と，点$(2, 1)$，$(4, 2)$，
$(6, 3)$，$(8, 4)$などを通る直線をかけ
ばよい。

40 比例のグラフ②

① ⑦-6 ④-6 ⑦$2$
  ⑤-3 ⑦$-3x$

② ① $y=4x$ ② $y=-\frac{2}{3}x$

▶解説
②①グラフは，点$(1, 4)$，$(2, 8)$，
$(-1, -4)$，$(-2, -8)$を通る。
②グラフは，点$(-6, 4)$，$(-3, 2)$，
$(3, -2)$，$(6, -4)$を通る。

41 反比例

① (1) $\frac{1}{2}$, $\frac{1}{3}$ (2) 60
  (3) $\frac{60}{x}$ (4) 反比例

② (1) ⑦$y=6-x$ ④$y=\frac{12}{x}$
  (2) ④

42 反比例の式の求め方

> **1** ⑦ $\dfrac{a}{x}$ ⑦2 ⑦3
>
> ⑤6 ⑦ $\dfrac{6}{x}$
>
> **2** (1) $y=-\dfrac{24}{x}$ (2) $y=8$

▶解説

2(1)求める式を $y=\dfrac{a}{x}$ とおき，この式に
1 組の x，y の値を代入して，a の値
を求める。

(2) $y=-\dfrac{24}{x}$ に $x=-3$ を代入する。

43 反比例のグラフ①

> **1** (順に) -1，-2，-3，
> -4，-6，-12，12，6，
> 4，3，2，1
>
> グラフは下の図の $y=\dfrac{12}{x}$
>
>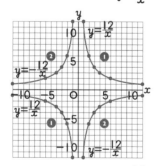
>
> **2** グラフは上の図の $y=-\dfrac{12}{x}$

44 反比例のグラフ②

> **1** ⑦4 ⑦4 ⑦1
>
> ⑤4 ⑦ $\dfrac{4}{x}$
>
> **2** ① $y=\dfrac{6}{x}$ ② $y=-\dfrac{8}{x}$

▶解説

2①グラフは，点(1，6)，(2，3)，
(3，2)，(6，1)などを通る。
②グラフは，点(1，-8)，(2，-4)，
(4，-2)，(8，-1)などを通る。

45 比例と反比例の利用

> **1** 200個
>
> **2** 15分

▶解説

1ねじ x 個の重さを yg とすると，
$y=ax$ と表せる。
この式に $x=15$，$y=36$ を代入すると，

$36=a\times15$，$a=\dfrac{36}{15}=\dfrac{12}{5}$
よって，式は，$y=\dfrac{12}{5}x$
この式に $y=480$ を代入すると，
$480=\dfrac{12}{5}x$，
$x=480\div\dfrac{12}{5}=480\times\dfrac{5}{12}=200$

2 1 分間あたり xL の水を y 分入れると
すると，$x\times y=5\times12$，$xy=60$
よって，式は，$y=\dfrac{60}{x}$
この式に $x=4$ を代入すると，
$y=\dfrac{60}{4}=15$

❶ (1) $y=\dfrac{90}{x}$, △

(2) $y=120-x$, ×

(3) $y=3x$, ○

❷ (1) $y=-6x$, $y=12$

(2) $y=\dfrac{30}{x}$, $y=10$

❸ (1) A(−3, 5), B(6, −2)

(2)

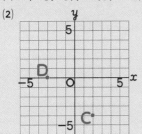

❹

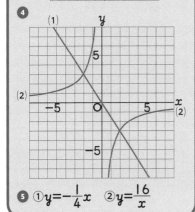

❺ ① $y=-\dfrac{1}{4}x$ ② $y=\dfrac{16}{x}$

▶解説

❺② グラフは, 点(2, 8), (4, 4), (8, 2) などを通るから, $y=\dfrac{a}{x}$ にこれらの座標の値を 1 組代入して, a の値を求める。

---

47 直線と角

❶ (1) 直線 AB, ℓ

(2) 線分 AB, 距離

(3) 半直線 AB

❷ (1) ⓐ…∠AOC または ∠COA

ⓘ…∠AOD または ∠DOA

(2) ∠AOC=∠BOD

▶解説

❶(3)直線が点 B から点 A のほうにのびていれば, 半直線 BA という。

❷(2)∠COA=∠DOB などとも表せる。

---

48 平行と垂直

❶ (1) AB//DC, AD//BC

(2) AC⊥BD

❷ (1) 点 D (2) 点 C (3) 5 cm

▶解説

❷(3)直線 ℓ 上の点から m にひいた垂線の長さが, 直線 ℓ と m との距離。

---

49 図形の移動

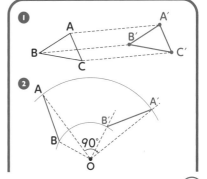

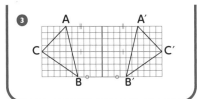

❸

▶解説

❶ 図形を，一定の方向に一定の距離だけ動かす移動を平行移動という。

❷ 図形を，１つの点を中心として，一定の角度だけ回転させる移動を回転移動という。このとき，中心とした点を回転の中心という。

❸ 図形を，１つの直線を折りめとして，折り返す移動を対称移動という。

5０ 基本の作図①

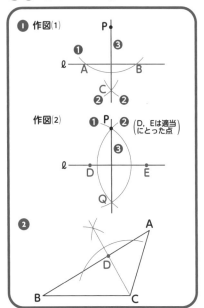

▶解説

❶ 作図(1)

❶ 点 P を中心として直線 ℓ に交わる円をかき，ℓ との交点を A，B とする。

❷ 点 A，B を中心として，等しい半径の円をかき，その交点の１つを C とする。

❸ 直線 PC をひく。

作図(2)

❶ 直線 ℓ 上に適当な点 D，E をとり，点 D，E をそれぞれ中心として，半径 DP，EP の円をかく。

❷ ❶でかいた２つの円の交点のうち，P でないほうの点を Q とし，直線 PQ をひく。

5１ 基本の作図②

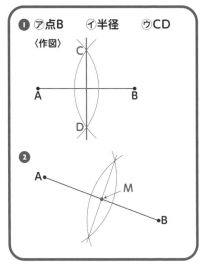

❶ ⑦点B　④半径　⑦CD

5２ 基本の作図③

❶ ⑦O　④点D　⑦OE

〈作図〉

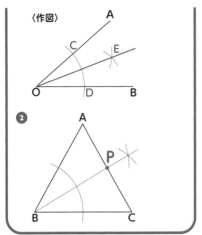

❷

▶解説

❷辺 AC の垂直二等分線を作図してもよい。

53 円の性質

❶ (1) 弧 AB，$\widehat{AB}$　(2) 弦 AB
　(3) 接線，接点，垂直

❷

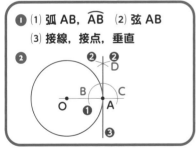

▶解説

❷❶直線 OA をひく。点 A を中心として直線 OA に交わる円をかき，直線 OA との交点を B，C とする。
　❷点 B，C を中心として等しい半径の円をかき，その交点の１つを D とする。
　❸直線 DA をひく。

54 円とおうぎ形の計量

❶ (1) 6π cm　(2) 9π cm^2
❷ (1) 弧の長さ…2π cm
　　面積…8π cm^2
　(2) 弧の長さ…5π cm
　　面積…15π cm^2

▶解説

❷(1)弧の長さ…$2\pi \times 8 \times \dfrac{45}{360} = 2\pi$ (cm)

面積…$\pi \times 8^2 \times \dfrac{45}{360} = 8\pi$ (cm^2)

55 まとめテスト⑤

❶ (1) ∠ACB または ∠BCA
　(2) AD∥BC
　(3) 20cm　(4) 12cm
❷ (例)

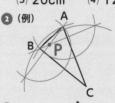

❸

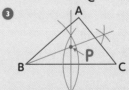

❹ (1) ㋔　　(2) ㋑
❺ (1) 弧の長さ…5π cm
　　面積…25π cm^2
　(2) 弧の長さ…8π cm
　　面積…24π cm^2

▶解説

❸ 2点 B, C から等しい距離にある点は, 線分 BC の垂直二等分線上にある。また, 2辺 AB, BC から等しい距離にある点は, ∠ABC の二等分線上にある。

❹(2)右の図のように, 点 O を回転の中心として, 90°回転すると重なる。

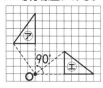

56 いろいろな立体

❶ (1) 角柱, 三角柱
　 (2) 角錐, 四角錐
　 (3) 円柱, 円錐, 曲面
❷ (1) 正八面体
　 (2) 頂点の数… 6, 辺の数…12

57 直線や平面の位置関係と投影図

❶ (1) 直線 DC, EF, HG
　 (2) 直線 AD, BC, AE, BF
　 (3) 直線 EH, FG, DH, CG
　 (4) 平面 AEHD
　 (5) 平面 AEFB, BFGC
❷ (1) 三角柱　　(2) 円錐

▶解説

❶(3)直線 AB と平行でなく, 交わらない直線を見つける。

58 面を動かしてできる立体

❶ (1) 三角柱　　(2) 六角柱

　 (3) 円柱
❷ (1) 円柱　　　(2) 円錐
　 (3) 球

59 展開図と表面積①

❶ (1)
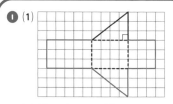

　 (2) 縦… 3 cm, 横…12cm
　 (3) 6 cm²　　(4) 36cm²
　 (5) 48cm²

60 展開図と表面積②

❶ (1) ⑦10cm　④6π cm
　 (2) 9π cm²　(3) 60π cm²
　 (4) 78π cm²

▶解説

❶(3)側面積は, 側面の長方形の面積だから, 10×6π＝60π (cm²)
　(4)60π＋9π×2＝78π (cm²)

61 展開図と表面積③

❶ (1) ⑦3cm　　④8cm
　 (2) 6π cm　　(3) 135°
　 (4) 24π cm²　(5) 33π cm²

▶解説

❶(2)$\overset{\frown}{AB}$ の長さは $2\pi\times3=6\pi$ (cm)。

(3)$2\pi\times8\times\dfrac{x}{360}=6\pi$, $x=135$

(4)$\pi\times8^2\times\dfrac{135}{360}=24\pi$ (cm^2)

　　半径 r, 弧の長さ ℓ のおうぎ形の面積 S は, $S=\dfrac{1}{2}\ell r$ と求めることもできる。

62 体積①

❶ (1) 300cm^3　(2) 96cm^3
　　(3) 300πcm^3
❷ 表面積…36πcm^2
　　体積…36πcm^3

▶解説

❷表面積…$4\pi\times3^2=36\pi$ (cm^2)
　　体積…$\dfrac{4}{3}\pi\times3^3=36\pi$ (cm^3)

63 体積②

❶ (1) 32cm^3　(2) 300cm^3
❷ (1) 15πcm^3　(2) 64πcm^3

▶解説

❶(2)$\dfrac{1}{3}\times10\times10\times9=300$ (cm^3)
❷(1)$\dfrac{1}{3}\times\pi\times3^2\times5=15\pi$ (cm^3)

64 まとめテスト⑥

❶ (1) 直線 CF, DF, EF
　　(2) 平面 ABC, DEF
　　(3) 平面 ABC, DEF, BEFC
❷ (1)

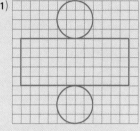

　　(2) 28πcm^2　(3) 20πcm^3
❸ (1) 12πcm　(2) 240°
　　(3) 90πcm^3
❹ (1) 75πcm^3　(2) 288πcm^3

▶解説

❹(1)底面が半径 5 cm の円で, 高さが 9 cm の円錐ができる。
　(2)半径 6 cm の球ができる。

65 度数分布表

❶ (1) ⑦ 10　④ 32　⑦ 0.10
　　　　① 0.15　⑦ 0.25
　　　　⑦ 0.95
　　(2) 5 cm
　　(3) 40cm以上45cm未満

▶解説

❶(2)度数分布表の階級の幅は一定だから, $35-30=5$ (cm)。

66 データを表すグラフ

❶ (1)
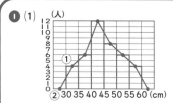

(2)
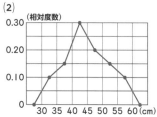

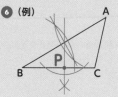

❷ (1) ⑦ 126　　⑦ 406
(2) 11.6分

❸ (1) 0.35　(2) 3500回　(3) 裏

67 範囲と代表値

❶ (1) 10m　(2) 31m　(3) 21m
(4) ⑦ 10　　⑦ 14　　⑦ 18
　　㋓ 22　　㋔ 26　　㋕ 30
(5) 20.6m

68 相対度数と確率

❶ (1) 0.67　(2) 6700回　(3) 表

69 まとめテスト⑦

❶ (1) 10人　(2) 22分　(3) 0.26

70 復習テスト

❶ (1) −1　　　　(2) −20
(3) 4　　　　　(4) −16

❷ (1) $\dfrac{7}{12}x$時間
(2) $(\pi a + 2a)$cm

❸ (1) $-a+6$　(2) $9x-6$

❹ (1) $x=5$　　(2) $x=-2$
(3) $x=-1$　(4) $x=6$

❺ (1) $y=-\dfrac{24}{x}$　(2) $y=4$

❻ (例)

❼ (1) 直線 BE, EF, DE
(2) 平面 ABC, DEF, ACFD
(3) 920cm^2　(4) 1200cm^3